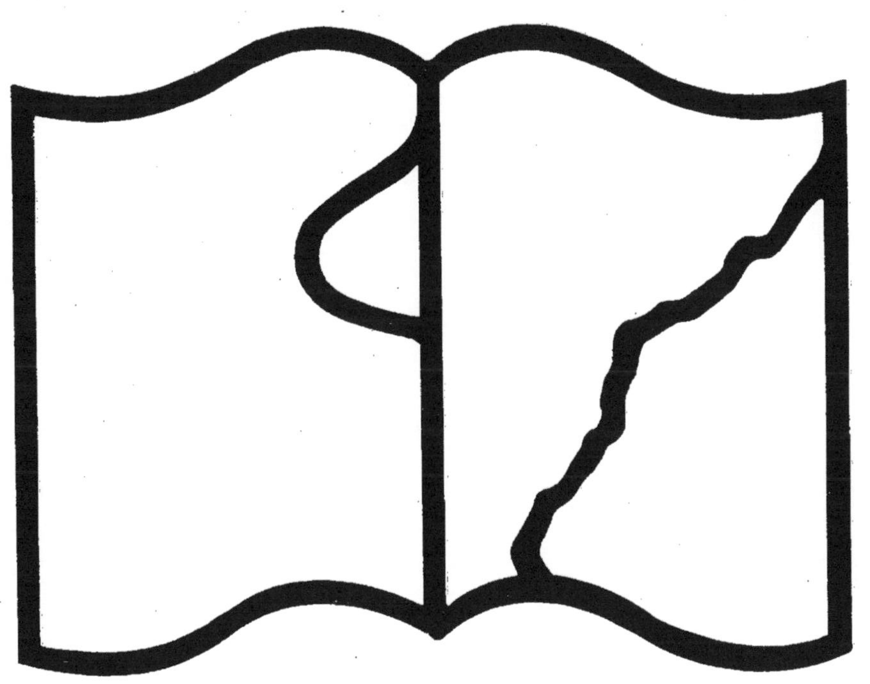

Texte détérioré — reliure défectueuse

NF Z 43-120-11

OBSERVATIONS

SUR

LE PHYLLOXERA

ET SUR

LES PARASITAIRES DE LA VIGNE, ETC.

INSTITUT DE FRANCE.

ACADÉMIE DES SCIENCES.

OBSERVATIONS

SUR

LE PHYLLOXERA

ET SUR

LES PARASITAIRES DE LA VIGNE, ETC.,

PAR LES DÉLÉGUÉS DE L'ACADÉMIE.

Extraits des *Comptes rendus des séances de l'Académie des Sciences*, t. XCI et XCIII, 1880 et 1881.

PARIS,
GAUTHIER-VILLARS, IMPRIMEUR-LIBRAIRE
DE L'ÉCOLE POLYTECHNIQUE, DU BUREAU DES LONGITUDES,
SUCCESSEUR DE MALLET-BACHELIER,
Quai des Augustins, 55.

1881

OBSERVATIONS
SUR LE PHYLLOXERA
ET
SUR LES MALADIES DE LA VIGNE.

Observations sur le Phylloxera;

PAR M. HENNEGUY.

» J'ai profité de mon séjour dans les contrées phylloxérées du midi de la France pour me rendre compte de l'état des vignobles et des résultats obtenus avec les différents modes de traitement employés jusqu'à ce jour.

» Dans l'Hérault, les deux tiers des vignes sont détruits : l'arrondissement de Béziers seul produit encore du vin; cependant, à Launac, près de Montpellier, chez M. H. Marès, on trouve plusieurs hectares de vignes dont l'aspect rappelle celui qu'avaient autrefois les campagnes du Gard et de l'Hérault. La partie du vignoble qui existe encore ne doit sa conservation qu'aux traitements réitérés par le sulfocarbonate de potassium. Cette année, la récolte a été très belle. De vieux ceps, de trente à cinquante ans, qui l'année dernière encore étaient dans un état de dépérissement assez avancé, ont repris une végétation très active; ils ont poussé de longs sarments, couverts de feuilles restées longtemps vertes, et donné une grande quantité de raisins. Les ceps plus jeunes de dix à quinze ans se sont remis encore plus rapidement. La reconstitution des vignes de M. Marès est vraiment remarquable : si l'on ne voyait les vides laissés par les ceps arrachés au niveau des taches, on ne pourrait croire que le vignoble est envahi depuis 1873 par le Phylloxera.

» Dans les environs de Béziers, les vignes, en beaucoup d'endroits, sont encore fort belles et ont donné cette année une abondante récolte; elles sont cependant toutes plus ou moins attaquées par le Phylloxera, les taches deviennent de jour en jour plus apparentes, et, malgré les fumures abondantes, il serait à craindre qu'avant peu l'arrondissement de Béziers, si riche aujourd'hui, ne fût réduit à l'état dans lequel se trouve le reste du département de l'Hérault. Plusieurs propriétaires prévoyants ont commencé à traiter leurs vignes et ils ont obtenu des résultats encourageants.

» Près de Capestang, le domaine de la Provenquière, appartenant à M. Teissonnière, est traité entièrement depuis deux ans par le sulfocarbonate de potassium; sauf sur les coteaux, les vignes sont en parfait état et portaient cette année des raisins magnifiques. Le traitement a été institué avant que la présence du Phylloxera se fût manifestée par l'apparition de taches; quelques-unes se sont révélées depuis, mais elles ont été circonscrites et la reconstitution des ceps commence déjà sur certains points.

» J'ai constaté les bons résultats obtenus par le sulfure de carbone dans le Bordelais, aux environs de Libourne, et chez M. Jaussan, près de Capestang. Dans ce dernier vignoble, le feuillage, d'un beau vert, tranche d'une façon remarquable sur la teinte jaune des vignobles voisins, dont la moitié, d'ailleurs, n'existe plus. M. Jaussan ne traite qu'une fois par an, en hiver; mais, comme MM. Marès et Teissonnière, il traite tout son vignoble.

» Après avoir reconnu les effets des insecticides appliqués en grande culture, depuis trois ans au moins, sur des vignobles situés dans une région complètement envahie par le Phylloxera, je suis entièrement convaincu qu'on peut sauver les vignes qui ne sont pas encore atteintes par le fléau et reconstituer celles qui n'ont pas trop souffert.

» Les viticulteurs ont à leur disposition trois modes de traitement, les sulfocarbonates, le sulfure de carbone et la submersion, dont l'efficacité ne me paraît plus discutable et dont le prix de revient est largement compensé par le revenu que donne la vigne; mais, quel que soit le mode de traitement employé, il ne sera efficace qu'autant qu'il sera répété chaque année, du moins pendant un certain temps, et qu'il sera étendu à toute la surface du vignoble.

» Il est en effet parfaitement établi maintenant que, par suite de la réinvasion d'été et par suite de l'éclosion d'un certain nombre d'œufs d'aptères échappés à l'action de l'insecticide, les vignes traitées avec le plus de soin présentent encore en été de nombreux insectes sur leurs racines. Il est aussi un fait bien connu aujourd'hui et que j'ai pu vérifier plus d'une fois : c'est que, au moment où une tache apparaît dans un vignoble, celui-ci est déjà presque entièrement envahi par le Phylloxera. C'est pour n'avoir pas tenu compte de ces données, ou pour avoir mal appliqué les procédés, que beaucoup de propriétaires ont perdu tout espoir dans les insecticides et ont laissé dépérir leurs vignes.

» Les insecticides ne s'attaquent qu'aux insectes souterrains, et, en supposant que ceux-ci soient complètement détruits par le traitement, l'œuf d'hiver et sa descendance restent indemnes et sont pour la vigne une nouvelle source d'infection. L'existence de l'œuf d'hiver étant démontrée d'une façon certaine dans le sud-ouest de la France, il me paraît inadmissible qu'une phase aussi importante du cycle biologique du Phylloxera puisse manquer dans le sud-est.

» Il est à remarquer que les ceps du Languedoc, dont les écorces, formées d'un grand nombre de lamelles, ont une épaisseur considérable, permettent à l'œuf d'hiver d'échapper aux investigations les plus minutieuses.

» Parmi les divers procédés essayés pour détruire l'œuf d'hiver, celui qui paraît donner les meilleurs effets consiste à priver la souche des écorces sous lesquelles l'œuf est pondu.

» Le décorticage des souches, pratiqué chaque année, en même temps que le traitement au sulfure de carbone, par M. Sabaté, dans sa propriété de Cadarsac, près de Libourne, lui a donné de très bons résultats. Les vignes de M. Sabaté se distinguent à première vue, par leur végétation luxuriante, de celles de ses voisins, qui ne font aucun traitement. M. Sabaté fait observer que les vignes de deux à trois ans ne peuvent être décortiquées sans danger.

» Un autre procédé, sur lequel l'Académie désirait des informations, a été proposé par M. Bourbon, de Perpignan. Il consiste à brûler les écorces des vignes, au moyen d'un appareil qu'il appelle *pyrophore*. Cet appareil, portatif, fournit une flamme très vive résultant de la combustion d'un mélange de vapeurs d'essence minérale et d'air. On pourrait craindre que le feu, porté directement sur la souche et le jeune bois, fût nuisible à la vigne; mais en réalité il n'en est rien. J'ai vu, à Prades et à Largentière, des vignes dont toutes les écorces avaient été détruites par le feu pendant l'hiver et qui présentaient une très belle végétation. Le brûlage des écorces amène, dit-on, un retard d'une quinzaine de jours dans le départ de la végétation, ce qui met la vigne à l'abri des dernières gelées du printemps. Ce fait, très intéressant au point de vue de la Physiologie végétale, mérite vérification.

» Le pyrophore n'a pas encore été expérimenté sérieusement contre l'œuf d'hiver, mais il est appliqué en grand pour la destruction de la pyrale dans les environs de Perpignan et dans l'Aude; il y donne d'excellents résultats. Le traitement des vignes par le pyrophore peut remplacer avantageusement l'ébouillantage. L'action du feu est beaucoup plus énergique que celle de l'eau chaude; son application est plus facile et moins coûteuse. L'œuf d'hiver ne résisterait certainement pas à la température de la flamme; il serait utile d'instituer des expériences dans des vignobles phylloxérés, pour décider de la valeur du traitement par le feu. Le pyrophore seul pourrait être aussi employé pour le traitement préventif des vignes menacées, autour des points d'attaque.

» L'attention a déjà été plusieurs fois appelée sur la reconstitution spontanée des vignes phylloxérées. Cette année, principalement, plusieurs cas de ce genre ont été signalés; pour ma part, j'en ai observé de fort curieux dans l'Hérault, l'Ardèche et la Charente. A l'École d'Agriculture de Montpellier, une vigne, abandonnée à elle-même depuis deux ans, a donné cette année une récolte de raisins. Dans les environs de Cognac, beaucoup de vignes, qui paraissaient complètement mortes, ont poussé des sarments et pourront être taillées; les propriétaires, s'imaginant que leurs vignes sont débarrassées du Phylloxera, pensent qu'il est inutile de les traiter.

» Les vignes qui semblent ainsi reprendre leur végétation sont loin de n'avoir plus d'insectes, et cette régénération n'est que momentanée. Si l'on arrache, en effet, une souche présentant de nouvelles pousses, on constate que le système radiculaire est à peu près complètement détruit; les grosses racines sont mortes ou même pourries; les Phylloxeras ont naturellement disparu de leur surface, mais ils se sont réfugiés sous les écorces de la partie souterraine de la souche, qui a conservé encore quelque vitalité.

» Si, comme l'année dernière et cette année, les pluies ont été abondantes et ont entretenu dans le sol une humidité suffisante, de jeunes racines prennent naissance au-dessous du collet de la souche et suffisent à donner à la vigne la sève nécessaire pour pousser des sarments. Les pluies ont aussi l'avantage de contrarier l'essaimage, et partant la ponte de l'œuf d'hiver. Mais bientôt les insectes qui ont persisté sur l'axe de la vigne se portent sur les nouvelles racines, y déterminent les nodosités caractéristiques et amènent un nouvel arrêt dans la végétation. En détruisant les insectes avant qu'ils aient envahi le nouveau système radiculaire, la reconstitution de la vigne, qui actuellement ne peut être que passagère, deviendrait définitive. Loin d'abandonner les traitements, comme le veulent les propriétaires de la Charente, c'est donc le moment le plus favorable pour les commencer.

» L'essaimage s'étant produit cette année fort tard et dans de mauvaises conditions, il est probable qu'il y aura peu d'œufs d'hiver pondus et que, par conséquent, la propagation du Phylloxera se fera difficilement. Les causes qui ont nui à la reproduction de l'insecte ont été, au contraire, favorables à la reconstitution de la vigne, et les traitements par les insecticides se feront cet hiver dans d'excellentes conditions. »

Observations relatives à l'influence exercée par la saison dernière sur le développement du Phylloxera; remarques sur l'emploi des Insecticides;

Par M. P. BOITEAU.

« Conformément au désir exprimé par la Commission supérieure du Phylloxera, j'ai continué mes recherches sur la biologie de cet insecte et l'étude d'un des principaux moyens de destruction, c'est-à-dire l'action du sulfure de carbone, combinée avec les badigeonnages de la partie inférieure de la souche.

» L'étude des insectes sexués et de leur descendance, qui est le seul point des mœurs encore inconnu dans l'histoire du Phylloxera, a été gênée à tel point qu'il m'a été de toute impossibilité de faire une seule observation valable. Les mois d'août et de septembre, qui sont les seuls dans l'année où l'on puisse observer cette phase de l'existence de l'insecte, ont été tellement pluvieux, que les insectes ailés aperçus vers la fin de juillet n'ont pas pu faire leur ponte, ou, s'ils l'ont faite, les sexués qui devaient en provenir ont presque tous été détruits. Les feuilles, les écorces et le sol n'ont présenté que de rares spécimens de ces générations, que l'on ne pouvait apercevoir qu'à de rares intervalles, et ceux qui parvenaient à un complet développement disparaissaient bientôt dans les averses qui se succédaient à très peu de jours. La saison s'est complètement passée sans qu'il m'ait été possible d'entrevoir rien de nouveau, et les lieux d'élection ordinaires présentent très peu d'œufs fécondés.

» L'année dernière, les migrations des sexués avaient été fortement entravées, mais on constatait encore beaucoup de leurs produits; cette année, il est très difficile d'en trouver les traces. Au point de vue de la reproduction et de la perpétuation de l'espèce, il y a là un fait qui sera avantageux à nos vignobles, et ces conditions météorologiques, qui ont également nui d'une manière très sérieuse à la diffusion des aptères, maintiendront les foyers dans leurs anciennes limites, en même temps qu'il pourra y avoir diminution dans le nombre des insectes. D'un autre côté, cette humidité constante ayant favorisé l'émission d'un chevelu abondant, on verra, l'année prochaine, de même qu'on l'a vu cette année, plusieurs vignobles s'améliorer dans leur état.

» Nous sommes, à l'heure qu'il est, au point où nous en étions l'année dernière à la même époque, quant à l'étude des sexués.

» Le sulfure de carbone a été employé, pendant l'année qui vient de s'écouler, sur de larges surfaces relativement aux années précédentes, et, cette année, les demandes se multiplient avec une telle activité, que des surfaces étendues seront soumises au traitement de cet insecticide. Malgré les désastres considérables de certaines contrées et les atteintes si cruellement constatées dans presque tous les vignobles, il est certain que la majeure partie des vignes qui existent encore sera sauvée, ou du moins conservée pendant de longues années. Le sulfure de carbone, si redouté, il y a deux ou trois ans, par nos populations viticoles, tant au point de vue de ses effets sur les personnes que sur le végétal, entre dans nos mœurs, et, ce qui est d'un bon augure, c'est que le petit propriétaire, le cultivateur lui-même le demandent et le préconisent. Le besoin de conservation du précieux arbuste est tellement accepté par toutes les classes de la société, que chacun cherche à employer le moyen qui jusqu'ici a donné les meilleurs résultats au point de vue de l'économie et de l'efficacité.

» Je ne vois rien à changer dans les observations que j'ai présentées l'année dernière sur les accidents de mortification que j'avais signalés, si ce n'est que j'ai pu les constater dans toutes les régions où il m'a été possible de me transporter. Je répète donc qu'il faut multiplier le moins possible les injections, mais que cependant il faut au moins en mettre deux par mètre carré. Le rayon insecticide efficace ne dépasse jamais, d'après mes observations, répétées plusieurs fois cette année encore, $0^m,35$ ou $0^m,40$. Le bouchage des trous ne semble guère agir sur l'efficacité de la diffusion et de la destruction, car des trous laissés ouverts ont donné les mêmes résultats que ceux qui avaient été fermés. Le tassage des ouvertures peut donc être négligé dans ce qu'il a de trop accentué. Le pied de l'ouvrier suffit largement à leur occlusion.

» Les opérations à lignes parallèles s'appliquent facilement à tous les modes de plantation, et elles ont l'avantage de donner le contingent le plus faible de mortifications. On doit autant que possible alterner les trous, de manière à obtenir une diffusion des plus régulières et à pouvoir ainsi diminuer d'une manière assez considérable les quantités de toxique à employer. Suivant qu'on emploie la disposition en carrés réguliers ou par lignes alternes, on peut économiser un tiers ou un quart de la matière insecticide, tout en obtenant les mêmes résultats. Cette dernière disposition fait aussi qu'il n'y a jamais, en présence des ceps et à la plus petite distance, qu'une seule injection; celles qui sont du côté opposé, par leur alternance, se trouvent beaucoup plus éloignées.

» Dans la direction des lignes, on place tous les trous à $0^m,70$ les uns des autres.

» Dans les vignes plantées au-dessous de $0^m,80$ d'interlignes, une seule rangée de trous suffit; dans celles qui sont distantes de $0^m,80$ à $1^m,50$, il en faut deux; dans celles qui se trouvent entre $1^m,50$ et $2^m,10$, il en faut trois.

» La dose par injection varie suivant le nombre de trous qui entrent dans un hectare, nombre qui peut aller de 20000 à 35000. La quantité de sulfure par mètre carré doit être en moyenne de 15^{gr} à 20^{gr}. Cette dose est suffisante l'hiver, et les résultats qu'on obtient en opérant ainsi que je viens de l'expliquer sont très remarquables. Lorsque les effets sont incomplets, cela provient surtout de ce qu'on espace trop les trous, ce qui met dans l'impossibilité d'atteindre les insectes dans tout le cube de terre, quelles que soient les doses et que le traitement soit simple ou réitéré.

» A cela, il faut ajouter le traitement complémentaire que nous avons indiqué l'année dernière, et qui consiste à badigeonner la partie inférieure des ceps et la base des premières racines avec un mélange de chaux, 5 ou 6 parties, et d'huile lourde de coaltar, 1 partie, le tout étendu de 8 ou 10 parties d'eau. Cette solution doit être employée au printemps, avant le réveil des hibernants.

» Toutes les fois que ces indications ont été parfaitement suivies, les résultats ont été des plus concluants.

» Dans les vignes en bon état, un traitement alterné, de deux ans l'un, suffit généralement.

» Les vignes traitées par le sulfure de carbone continuent à présenter le meilleur aspect, comme force dans la végétation, et, d'après ce que nous avons pu constater en général, et surtout d'après ce que nous a raconté M. Vimont, d'Épernay, des résultats d'un traitement opéré en Champagne sur des vignes non phylloxérées, il nous semble démontré que cet agent agit fortement en favorisant la végétation. Le même fait a été constaté et signalé par M. Olivier dans les Pyrénées-Orientales. »

Études sur les mœurs du Phylloxera pendant la période d'août à novembre 1880;

PAR M. FABRE.

« J'ai commencé mes observations sur le ravageur de la vigne vers la fin du mois de juillet, c'est-à-dire à l'époque où l'Académie m'a fait l'honneur de me nommer son délégué dans la question du Phylloxera.

» Mon champ d'études a été le territoire de Sérignan (Vaucluse), l'un des points les plus maltraités par le fléau, où l'on ne voit plus, au lieu des magnifiques vignobles d'autrefois, que de rares vignes, souffreteuses, renouvelées par d'obstinées replantations à mesure qu'elles périssent.

» Mes recherches n'embrassent encore qu'une période trop courte pour me permettre des développements circonstanciés, d'où la pratique puisse retirer quelque fruit. J'ai recueilli des négations encore plus que des affirmations; des problèmes ont surgi, des soupçons se sont élevés, soupçons et problèmes que je vais exposer avec l'extrême réserve que m'impose un sujet encore enveloppé pour moi d'épais nuages.

» Mon attention s'est principalement portée sur les modes de migration, de diffusion du parasite. De nombreux tubes de verre, fermés à l'un et l'autre bout par un tampon de coton, contenaient chacun un fragment de racine envahi par le Phylloxera à divers degrés de développement. Quelques-uns de ces fragments, les plus menus, étaient chargés surtout de jeunes et d'œufs récemment pondus. En peu de jours, dans le courant d'août, ils se desséchaient, et j'assistais alors, dans la plupart des cas, au spectacle que voici.

» La population parasite, consistant en jeunes, éclos pour le plus grand nombre dans le tube, abandonnait l'aride radicelle et se mettait à errer au hasard dans tous les sens de sa prison de verre, avec une activité rendue plus frappante par l'habituelle immobilité de l'insecte. Cela me rappelait les allées et venues affairées des jeunes larves de Sitaris et autres Méloïdes, lorsqu'au printemps elles quittent le gîte d'hiver pour se fixer sur la toison d'un hyménoptère.

» Il importait de suivre dans leurs moindres détails ces pérégrinations obstinées, car j'avais évidemment devant moi les tentatives faites par le parasite en vue d'un déménagement vers un but à déterminer. Je constatais aussi que la plupart de mes captifs, après avoir longtemps erré, s'insinuaient dans le tampon de coton terminant de part et d'autre le tube, s'engageaient dans la masse filamenteuse autant que les forces le leur permettaient, puis y restaient immobiles, paralysés sans doute par l'obstacle de l'ouate. Si je remplaçais le coton par un bouchon de liége, c'est dans l'étroite fissure entre ce bouchon et la paroi de verre qu'ils venaient se loger et se tenir immobiles, incapables de se porter plus avant.

» Ces faits se passaient en pleine lumière, les tubes étant à découvert sur une table. La pensée me vint d'expérimenter l'influence de la lumière et de l'obscurité, pour connaître vers quel but tendait la population en déménagement. A cet effet, je choisis le tube le mieux peuplé, celui où les jeunes pucerons se montrent le plus actifs, et je l'enveloppe d'un cylindre de papier assez épais pour intercepter toute lumière. Ce cylindre opaque est un peu plus court que le tube, de manière que celui-ci déborde, mais par une extrémité seulement, de $0^m,005$. Il me suffit de refouler le tube dans son étui de papier, tantôt dans un sens, tantôt dans l'autre, pour faire émerger soit l'une soit l'autre des extrémités, et les soumettre ainsi alternativement à l'influence de la lumière et de l'obscurité. Enfin le tube est disposé verticalement, le bout éclairé en haut.

» Armé d'une loupe, je suis les résultats de mon expérience. L'attente n'est pas longue. Je vois les insectes situés dans la partie du tube obombrée par l'étui grimper activement sur la paroi du verre, gagner le haut et venir s'insinuer dans le tampon d'ouate. En peu de minutes, tous sont accourus à la lumière. Les parasites étant immobiles entre les filaments du coton, je refoule le tube dans son étui pour éclairer la partie inférieure et mettre dans l'obscurité la partie supérieure. En ce moment, je ne vois en bas que quelques retardataires, ou même le plus souvent je n'en trouve aucun. Toute la population s'était donc portée en haut, là où était le jour.

» Maintenant le jour est en bas : un nouveau déménagement commence, aussi prompt que le premier. Je vois, à la loupe, les parasites descendre, émerger de la partie obscure et accourir se blottir dans l'ouate du tampon d'en bas. Quand l'immobilité s'est faite, nouveau refoulement du tube et nouveau passage des insectes dans la partie supérieure, à la lumière. Ils abandonnent leur gîte inférieur actuellement obscur, et reviennent avec le même empressement au bout supérieur éclairé. Ces migrations tour à tour dans le haut et dans le bas du tube émergeant de l'étui opaque sont indéfiniment répétées avec un égal succès de ma part et une égale persévérance du parasite.

» La direction du tube, qui est la verticale, serait-elle pour quelque chose dans ces résultats; l'ascension, la descente entreraient-elles dans les habitudes de l'insecte? Non! Le tube étant disposé horizontalement, avec chacune de ses extrémités à tour de rôle éclairée, le résultat reste le même. Les parasites accourent là où est la lumière, et s'y tiennent immobiles une fois engagés dans l'ouate. Aucun doute, par conséquent, au sujet de la conclusion : les jeunes Phylloxeras, abandonnant leur radicelle desséchée, se dirigent vers la lumière.

» Une vie souterraine, dans une continuelle et profonde obscurité, ferait supposer l'absence des organes de la vision; cependant, si l'on examine le Phylloxera au microscope, on lui reconnaît de chaque côté de la tête trois points oculaires, deux antérieurs juxtaposés, le troisième isolé et postérieur. Ces points, sans présenter la savante structure des yeux de l'insecte destiné à vivre en pleine lumière, sont du moins analogues aux taches oculaires des Myriapodes. Le Phylloxera, dès l'issue de l'œuf, est donc suffisamment organisé pour se diriger vers la lumière lorsque son instinct le lui commande.

» Que cherchent-ils en venant au grand jour? Mes premiers soupçons se sont portés sur les parties aériennes de la vigne, feuilles, rameaux, écorce. Dans un tube, cette fois-ci exposé en plein à la lumière diffuse, devant ma fenêtre, j'ai introduit un fragment de feuille. Les pucerons errants ne s'y sont pas fixés, pas même parmi le duvet de la face inférieure. Après vingt-quatre heures d'attente, je les ai trouvés engagés dans le tampon d'ouate.

» Un lambeau d'écorce n'a pas eu plus de succès; mais une radicelle, récemment extraite de terre, a fini, non sans longues hésitations de la part de l'insecte, par attirer la vagabonde population. Au bout d'une couple de jours, mes captifs étaient fixés sur la racine, le suçoir implanté dans la tendre écorce. D'où cette autre conclusion, qui me semble aussi précise que la première : les jeunes parasites, abandonnant la radicelle malade, comme trop aride, impuissante à les nourrir, émigrent en venant à la lumière, à la surface du sol, pour gagner une autre racine dans le voisinage, au moyen des crevasses du sol apparemment.

» La persistance du Phylloxera à s'insinuer aussi avant que possible dans l'ouate formant mes tubes, ou bien dans l'étroit intervalle séparant le bouchon de liège de la paroi de verre, est sans nul doute l'indice des manœuvres de l'insecte à travers les fissures du sol. Ce tampon d'ouate est pour l'animal expérimenté ce que serait le sol plus ou moins inculte pour l'animal agissant dans les conditions naturelles. C'est l'obstacle qu'il faut traverser pour arriver à la surface.

» J'ajoute que les parasites parvenus à leur développement, trop lourds apparemment, trop obèses pour semblable migration, ne m'ont rien montré de pareil sur leur racine se desséchant ou pourrissant : je les ai vus inactifs et se laissant dépérir sans tentatives bien manifestes d'aller chercher emplacement meilleur.

» Un fait était donc à constater dans les conditions naturelles, fait d'importance majeure : celui des migrations du Phylloxera venant à la surface du sol pour redescendre en terre et gagner des racines fraîches. Je sais bien que semblables voyages ont été constatés par les observateurs qui m'ont précédé dans cette voie; mais je me suis imposé, comme je l'ai toujours fait dans mes diverses recherches entomologiques, la loi formelle d'agir comme si j'ignorais tout. On a ainsi, à mon humble avis, la liberté d'esprit et la franchise d'allures que réclament les minutieux problèmes des mœurs d'un insecte.

» Témoin des faits que je viens d'exposer, j'avais la conviction, en agissant à temps, de surprendre l'insecte dans ses migrations sur le terrain. De la patience et des yeux auxiliaires s'adjoignant aux miens devaient suffire pour faire de soupçon certitude. Sans tarder, je me suis mis en observation, ayant pour aides mon fils Émile, et mon gendre, M. Roux, professeur de Physique, alors en vacances chez moi. Tous les trois, munis de loupes, couchés à plat ventre, la tête dans le fourré de feuillage qui nous protégeait contre l'insolation, nous avons examiné le sol autour des ceps, dans les vignes du voisinage, notamment dans celles qui m'avaient fourni les sujets d'expérimentation. Nos tentatives se sont répétées à toute heure du jour, dans des conditions atmosphériques très variées, et cela à des intervalles rapprochés, pendant tout le mois d'août et la majeure partie de septembre. Notre patience, notre assiduité n'ont abouti à rien : aucun de nous trois n'est arrivé à voir un seul puceron à la surface du sol, je dis littéralement un seul. Les fouilles cependant nous les montraient en abondance, jeunes et vieux, sur les racines des mêmes ceps.

» A ce résultat négatif s'en adjoint un autre, et des deux négations nous allons voir s'élever un soupçon qui ne manquerait pas d'intérêt si l'avenir le confirmait. Voici d'abord l'exposé des choses. Mes éducations au laboratoire se faisaient partie dans des tubes de verre, comme on vient de le voir, partie dans des flacons et dans des boîtes en fer-blanc, où je tenais, au milieu de terre convenablement fraîche, des fragments de racines riches en parasites. Mes appareils, assez nombreux, devaient bien contenir en tout un millier d'insectes, à tous les degrés de développement depuis l'œuf. Je ne parle, bien entendu, que de la forme aptère.

» Ce que je surveillais avec le plus d'assiduité, c'était l'apparition de la forme ailée, qui est incontestablement la forme disséminatrice à de grandes distances. Suivre les mœurs de l'insecte apte à voler s'imposait à mon attention comme l'un des points les plus importants du problème. C'est dire que les visites à mes appareils étaient quotidiennes et renouvelées souvent le même jour, en saison favorable, c'est-à-dire en août et septembre.

» D'après mes prédécesseurs, en qui j'ai confiance entière, l'observation de la forme ailée n'a rien de difficultueux, et, m'en rapportant à ce qu'ils ont vu, j'attendais, dans mes bocaux, des Phylloxeras ailés en quantité considérable : mon attente a été complètement déçue. Dans la première quinzaine d'août, toutes mes investigations n'ont abouti qu'à reconnaître de bien rares nymphes et finalement de bien rares insectes parfaits. Leur nombre est présent à ma mémoire : c'est trois, quatre tout au plus. Le mois d'août s'est écoulé sans m'en montrer davantage; en septembre, je n'en ai pas vu un seul. J'ai renoncé alors à poursuivre semblable recherche, la jugeant inutile.

» Est-ce maladresse de ma part? Mes prédécesseurs ont vu, parfaitement vu, et en grand nombre, à ces mêmes époques d'août et de septembre, ces pucerons ailés dont je parviens à peine à voir trois ou quatre. Ayant quelque habitude de recherches analogues dans un monde parfois encore plus petit, je ne peux croire que mon insuccès ait pour cause l'impéritie. Toute idée d'amour-propre franchement écartée, je pense que, si je n'en ai pas vu davantage dans mes bocaux, c'est qu'il n'y en avait pas un plus grand nombre. L'insecte, avec ses fines ailes irisées, ses gros yeux noirs, sa livrée jaune, ne pouvait guère échapper à un regard habitué à la loupe. D'où provient alors cette énorme différence entre les résultats de mes observations et les résultats de mes prédécesseurs?

» La même question reparaît au sujet de mes vaines tentatives pour trouver le Phylloxera ailé sur le terrain des vignobles. Averti de l'époque favorable par les rares apparitions qui avaient lieu dans mes appareils, guidé d'ailleurs dans mes recherches par les observateurs qui m'ont précédé, j'ai cherché, en compagnie de mes collaborateurs, la forme ailée au pied des ceps, sur le sol, à la surface inférieure des feuilles, au soleil et à l'ombre, par un temps superbe ou par un ciel couvert; j'ai mis à cette recherche tout le temps, toute la patience, tous les soins désirables; et ni moi, ni mes deux aides, ne sommes parvenus à trouver au milieu des vignes un seul Phylloxera pourvu d'ailes. D'après les Mémoires que je consulte, l'observation cependant n'a rien de difficultueux en saison propice; la forme citée n'est pas rare au point d'être introuvable pour qui désire bien la trouver. D'où provient donc mon insuccès? me demanderai-je encore une fois.

» Ici trouve place le soupçon que j'ai fait pressentir. Dans le cours de mes études, j'ai fréquemment interrogé les viticulteurs pour savoir d'eux la marche du fléau dans leurs propriétés, car ici on ne se lasse pas de replanter malgré tous les échecs. Or, il résulte de leur dire, à peu près unanime, que la propagation phylloxérienne marche aujourd'hui incomparablement moins vite qu'autrefois. Au début, une vigne attaquée en un point était, l'année suivante, entièrement détruite. Le mal était pour ainsi dire foudroyant. Aujourd'hui les conditions paraissent changées. Le centre d'attaque s'étend avec lenteur, et le parasite met des années pour se propager dans un rayon de peu d'étendue. J'ai particulièrement en souvenir une vigne dont le point phylloxéré n'a depuis trois ou quatre ans presque pas progressé. En somme, les cultivateurs paraissent reconnaître un ralentissement formel dans la diffusion du mal.

» Trop nouveau dans Sérignan pour juger moi-même de la marche du fléau en ce pays, je passerais sous silence ces appréciations des gens de la campagne jusqu'à vérification de ma part, si elles ne concordaient parfaitement avec mes résultats négatifs. A trois, nous n'avons pu réussir à voir sur le terrain ces migrations dont les éducations en tubes me fournissaient les indices; à trois, nous n'avons pas vu dans la campagne un seul Phylloxera ailé; dans mes bocaux, j'ai obtenu au plus quatre ailés en des conditions où mes prédécesseurs en ont constaté par centaines. Les migrations, soit par des insectes aptères mais agiles, soit par des insectes pourvus d'ailes, seraient donc devenues plus difficultueuses; et de là résulterait le ralentissement reconnu par les viticulteurs.

» Est-ce une concordance fortuite, basée sur des circonstances qui m'échappent? Ou bien le ravageur de la vigne s'acheminerait-il réellement vers sa décadence, parce que ses formes disséminatrices ne sont plus dans des conditions de prospérité ? Des recherches ultérieures, la saison favorable revenue, dissiperont un peu, je l'espère, l'épais nuage du problème qui surgit au début de mes études, et le soupçon que font naître mes résultats.

» Sur la recommandation de l'Académie, j'avais à m'occuper, d'autre part, des parasites que peut avoir le Phylloxera, soit dans le règne végétal, soit dans le règne animal. Je n'ai rien constaté, dans la végétation infime des mycètes, qui puisse être de nature à nuire au parasite de la vigne. Quant au règne animal, un moment j'ai eu de l'espoir.

» A diverses reprises, j'ai surpris, au milieu des colonies de Phylloxeras, un acarien transparent comme du cristal et un peu plus petit que son commensal de la radicelle. Je l'ai vu s'insinuer dans les tas de pucerons, bouleverser les amas d'œufs, mais sans parvenir à le surprendre plongeant son rostre soit dans les uns soit dans les autres. Était-ce un parasite du Phylloxera ? Quelque temps je l'ai cru, et d'autant plus volontiers qu'il venait d'être question à l'Académie d'un autre acarus, un *Trombidium,* qui logerait ses œufs dans les galles du Phylloxera et paraîtrait se nourrir en suçant le corps de ce puceron.

» J'ai donc attentivement surveillé l'acarus hyalin pour savoir de quoi il se nourrit, sans parvenir à lui voir faire usage de son rostre lorsqu'il dérange en passant les tas d'œufs ou de pucerons. Mon attente est enfin devenue désappointement complet, car je suis parvenu à élever l'acarus sur une radicelle à demi pourrie, dépourvue d'œufs ainsi que de Phylloxeras. L'arachnide s'y est établi et y a prospéré, bientôt entouré d'une nombreuse lignée. L'acarus en question est donc un simple commensal du Phylloxera, et non un parasite ; il s'établit parfois sur la même radicelle que le puceron, et s'y nourrit de matières décomposées. Je n'en parle que pour épargner à d'autres peut-être mon propre désappointement. En somme, pour ce qui concerne les parasites présumés du Phylloxera, mes observations sont restées jusqu'ici sans résultat. »

Sur le traitement des vignes par le sulfure de carbone;

PAR M. P. DE LAFITTE.

« Dans les Mémoires ou articles, déjà nombreux, que j'ai publiés sur différents sujets qui touchent au Phylloxera, lorsque j'ai cité une observation ou une idée, je n'ai jamais omis sciemment d'en nommer l'auteur. Je crois, par cela même, pouvoir réclamer ce qui semble m'appartenir. Je veux parler ici de la distribution des trous sur le terrain, dans les traitements par le sulfure de carbone. Voici ce que j'en disais au Congrès viticole de Clermont-Ferrand, à la séance du matin, le 1er septembre dernier (1) :

« Il y a longtemps que j'ai pratiqué et fait connaître un moyen fort simple d'obtenir une distribution parfaitement régulière des trous sur le terrain. Je me sers de cordeaux, qui permettent de les distribuer sur des rangées parallèles, et, sur ces cordeaux, je fais des *nœuds simples* équidistants, qui permettent de placer les trous à des distances rigoureusement égales.... Chaque ouvrier n'a qu'à suivre son cordeau et poser la pointe du pal à côté de chaque nœud, qui se voit parfaitement.... »

» Cette méthode est décrite dans une brochure publiée au mois d'octobre 1878, et signalée dans les *Comptes rendus* (séance du 28 octobre 1878). Le caractère distinctif en est que la place de chaque trou d'injection se trouve fixée indépendamment de la position des souches. J'ai essayé, à Clermont, de faire ressortir les nombreux avantages qu'on y trouve. Ici, il y a lieu d'en rappeler un seulement :

« 3° On peut ainsi placer chaque trou exactement à hauteur du milieu de l'intervalle entre deux trous consécutifs des rangées adjacentes. Cette disposition est tellement impor-

(1) Compte rendu officiel publié par la *Vigne française*, numéro du 30 septembre 1880, p. 354, colonne 2, en bas

tante, que, si on la compare à celle où les trous sont tous à la même hauteur, on peut obtenir avec la première un effet meurtrier aussi énergique [1] qu'avec la seconde en réduisant le nombre des trous dans une proportion considérable. Le calcul prouve que cette réduction peut être supérieure *au quart* [2] du nombre total [3].... »

» A côté des avantages de cette méthode, je ne vois encore à signaler qu'un inconvénient, tenant à ce fait, découvert par M. Boiteau, que le sulfure de carbone exerce une action fâcheuse sur les racines dans un rayon de $0^m,10$ autour de la dose toxique. Il arrive très fréquemment qu'une souche se trouve placée à hauteur d'un trou d'injection, et, si la souche sort de l'alignement de son rang, et en sort du côté du trou, elle en peut être très rapprochée : danger qui n'existe jamais quand on règle la position des trous par celle de la souche elle-même. Le mieux est, je crois, de passer outre, le danger signalé par M. Boiteau s'étant montré, dans la pratique, à peu près négligeable.

» J'ajoutais à Clermont :

« Le détail de la méthode pratique a été publié en 1878. Il semble qu'on tourne autour de la méthode sans vouloir y entrer. Dans une Note parue dans les *Comptes rendus* du 4 mai 1879, M. Boiteau explique que, dans les vignes plantées irrégulièrement, il prend *une ligne d'opération ;* dans une Note parue dans les *Comptes rendus* du 26 janvier 1880, il place ses trous sur des lignes parallèles, comme il l'a expliqué tout à l'heure : encore un pas, et le progrès sera réalisé [4]. »

» La comparaison des dates rapportées dans cette Note suffira pour faire attribuer à chacun ce qui lui appartient. »

---

[1] Dans un Mémoire étendu, présenté à l'Académie et signalé aux *Comptes rendus* de la séance du 7 avril 1879, l'égalité d'effet meurtrier est définie par l'égalité des rayons des cercles circonscrits aux triangles ayant pour sommets trois trous d'injection voisins, et cette définition y est justifiée avec des développements qui ne sauraient trouver place ici.

[2] Cette réduction varie avec la distance des lignes de trous et la distance correspondante des trous dans chaque ligne, le nombre total des trous par hectare restant rigoureusement le même, quel que soit le mode de plantation de la vigne. A Clermont, parlant d'après mes souvenirs, j'ai dit *au tiers ou au quart.* Depuis, j'ai consulté les Tableaux du Mémoire précité, qui s'appliquent à tous les systèmes usités de plantation de la vigne, reconnu qu'on pouvait réduire parfois *de plus du quart* le nombre des trous, sans arriver cependant *au tiers*, et j'ai rectifié sur ce point le compte rendu du Congrès (p. 355, en bas).

[3] Revue précitée, p. 355, colonne 1, en bas.

[4] Page 356, colonne 1 du compte rendu du Congrès, dans la Revue précitée.

Sur l'action de l'eau, dans les applications de sulfure de carbone aux vignes phylloxérées;

PAR M. J.-D. CATTA.

« Dans le Rapport de la Compagnie Paris-Lyon-Méditerranée (1877), où nous exposions, avec MM. Marion et Gastine, le résultat de nos recherches sur le sulfure de carbone comme agent insecticide, nous écrivions la phrase suivante : « *Leur rétablissement* (des ceps en expérience) *s'est trouvé considé-* » *rablement hâté par un arrosage pratiqué quelques jours après la dilacération* » *des racines et leur aspersion par le sulfure.* »

» Les résultats de cette expérience n'ont pas été contredits jusqu'ici, mais ils avaient conduit à considérer comme souverainement efficace tout traitement pratiqué avec le concours de l'eau. Quelques déceptions se sont produites. La conclusion ne comportait pas, en effet, une telle généralité.

» Nous avons pu arriver à nous convaincre qu'en thèse générale les applications qui sont suivies par la pluie sont un gage de bons résultats, mais que celles qui sont pratiquées immédiatement après sont fréquemment nuisibles à la vigne.

» La règle pourrait être plus exactement formulée de la façon suivante : *Il ne faut pas que le sulfure de carbone se trouve à l'état liquide dans un sol complètement détrempé par l'eau.*

» On sait que l'eau est capable de dissoudre, d'après M. Dumas, 1,78 pour 100 de sulfure de carbone liquide : un traitement au pal en terrain mouillé favorise considérablement cette dissolution, puisque l'on répartit le sulfure par petites quantités en un très grand nombre de points du sol. Mais la dissolution aqueuse de sulfure de carbone ne paraît pas nuisible pour la plante.

» M. Dumas s'est assuré, dès 1876, que si cette dissolution, même étendue de neuf fois son poids d'eau, conserve encore des propriétés insecticides incontestables, la vigne n'en souffre pas, même quand elle est concentrée. L'eau saturée de sulfure de carbone lui avait offert, en effet, le résultat suivant :

» On a arrosé avec 250^{cc} de cette dissolution environ, par pot, deux pots de vignes phylloxérées : l'insecte est mort, et la vigne n'a pas souffert.

» Mais M. Dumas ne considère pas cette expérience en pots comme pouvant contredire celles qui ont été effectuées sur le terrain; il sait qu'il faut toujours tenir compte des circonstances et influences, souvent prépondérantes, qu'exercent la nature et l'état du sol, la saison et l'état de végétation de la vigne, etc.

» Dans l'espèce, le sulfure de carbone recouvert d'eau a pu conserver l'état liquide, forme sous laquelle il mortifie facilement les racines qu'il touche, et non se dissoudre dans l'eau, forme sous laquelle il eût été sans danger.

» Quelle que soit l'explication à admettre, voici les faits qui nous ont permis de poser la règle indiquée plus haut :

» Dans le courant du mois de juillet 1880, nous fîmes exécuter les traitements d'extinction sur la tache de Saint-Amadou (Ariège). Cette tache d'*importation* occupait 5^{ha} sur un îlot de vignes de 7^{ha}, complètement isolé sur un petit coteau et formant sensiblement un long rectangle orienté de l'est à l'ouest. Les opérations commencèrent à l'extrémité ouest, par un temps très sec et très chaud. La pluie survint pendant les traitements, elle fut torrentielle avant la fin, et la dernière vigne injectée, celle qui se trouvait à l'extrémité est (environ 2^{ha}), fut opérée alors que le sol était complètement détrempé et boueux.

» Les effets ordinaires du sulfure de carbone appliqué à haute dose (140^{gr} par mètre carré) se manifestèrent dans toutes les vignes traitées, mais les atteintes furent plus graves à l'extrémité est. A la fin du printemps de 1880, la visite du vignoble traité était particulièrement intéressante. La vigne *est* (2^{ha}) ne présentait pas plus de 10 pour 100 de ceps vivants. Les vignes *ouest*, au contraire (3^{ha}), ne contenaient pas plus de 5 pour 100 de ceps morts. La végétation y était particulièrement belle.

» Or la composition, la profondeur du sol, l'orientation du coteau, l'époque et la nature du traitement, tout était identique. Seules les conditions d'humidité avaient varié; seules elles pouvaient être invoquées pour expliquer la différence d'action : des vignes ayant reçu 140^{gr} de sulfure par une grande sécheresse ne manifestaient plus aucune souffrance une année après ; les vignes ayant reçu la même dose avec excès d'humidité avaient presque entièrement péri.

» Frappé de ce résultat, nous recherchâmes des effets analogues dans d'autres localités : nous en trouvâmes dans l'Hérault. Dans les Pyrénées-Orientales, où la vigne de M. Vergès du Soler avait manifestement souffert d'un traitement cultural, nous retrouvâmes la même cause. « Les ouvriers, » nous disait M. Vergès, étaient obligés de tracer des rigoles pour faire » écouler l'eau pendant qu'ils traitaient. » Nous envoyâmes dès lors une circulaire à tous les délégués départementaux de notre région pour les inviter à veiller à ce que les injections du sulfure, même culturales, ne se pratiquassent pas en terrain trop détrempé. Ces messieurs eurent tous dans cette circulaire l'explication de certains accidents qu'ils avaient observés.

» Nous citerons, sans nous appesantir sur les détails de ces observations, les localités où elles ont pu être recueillies. Dans l'Aude, M. Henrion put nettement reconnaître l'action nuisible de l'humidité excessive à Raissac et à Bize ; en Corse, M. de Peretti l'a constatée à Corte ; dans l'Aveyron, M. Fabre l'enregistra à Villefranche-de-Rouergue, et enfin M. Tanviray dans le Loir-et-Cher.

» Ainsi l'action nuisible de l'humidité excessive s'est vérifiée dans les régions viticoles les plus diverses, depuis la Corse jusqu'en Loir-et-Cher. Nul doute que certains accidents de végétation arrivés dans le Bordelais ne doivent être attribués à la cause que nous signalons.

» Les conditions des traitements au sulfure de carbone, traitements qui rendent tant de services à la viticulture, ne sauraient être trop bien connues. Tous ceux qui sont appelés à les appliquer devront donc se souvenir qu'une humidité légère du sol ou même la pluie survenant après l'injection, alors que le sulfure est déjà à l'état de vapeur, favorise l'action insecticide et la reprise de la végétation, tandis que l'introduction du liquide sulfocarbonique dans un terrain détrempé constitue un danger pour la plante. »

Sur l'essaimage du Phylloxera en 1880;

PAR M. P. DE LAFITTE.

« Quand on s'applique avec suite à l'étude d'un sujet difficile et encore peu connu, il est rare que l'esprit ne soit pas quelque peu en avance sur les connaissances acquises. Il s'en faut beaucoup que ce soit un mal, surtout quand il s'agit de questions qui n'ont pas le temps d'attendre. Parlant de déductions parfois prématurées, mais dont il est malaisé de se défendre, j'écrivais l'année dernière ([1]) :

« Il n'est pas indifférent de réfléchir à l'avance aux conséquences de ces faits (ceux qui, simplement, ne contredisent à rien de connu) encore à l'état, non d'hypothèse, mais de prévision. On pourra éviter ainsi de négliger, peut-être de ne pas remarquer du tout tel phénomène, au fond très utile à connaître, mais en apparence insignifiant, parce qu'on n'en saurait saisir les relations avec d'autres phénomènes qui ne s'offriront que plus tard, si ceux-ci n'ont pas été prévus.

» ... A la condition qu'on soit libre de tout parti pris, et qu'on utilise chaque fait bien observé pour éclairer sa marche, ce souci constant des *choses possibles* est une méthode sûre et féconde. »

» Dans les circonstances présentes, deux faits de cet ordre me semblent pouvoir être rappelés utilement. L'étude attentive des travaux de M. Balbiani sur le Phylloxera m'a conduit à énoncer comme une loi, non pas certaine, mais extrêmement probable, que l'AILÉ *ne se rencontre jamais parmi les insectes de* PREMIÈRE ANNÉE ([2]), j'entends ceux qui proviennent

([1]) *Essai sur la destruction de l'œuf d'hiver du Phylloxera de la vigne*, p. 55, au milieu (paru en juillet 1879).

([2]) *Discours sur le Phylloxera*, p. 37 et 38, et, à la fin, notes (*d*) et (*e*). — *Comptes rendus*, séance du 8 septembre 1879, p. 503, au milieu. — *Essai* précité, p. 55, au milieu. — *Journal de l'Agriculture*, numéro du 20 décembre 1879, p. 470, l. 10.

par générations successives d'un *œuf d'hiver*, dans l'année qui a vu éclore cet œuf. J'ai pu invoquer plus tard, comme une première vérification de cette loi, ce fait si général, et qu'il est impossible jusqu'ici d'expliquer d'une autre manière, que la *réinvasion* d'été ou d'automne, généralement très abondante après un premier traitement, devient insignifiante à partir du second ([1]).

» Le terrain devenant ainsi plus solide, un nouveau pas en avant est devenu possible. Avec un peu plus de hardiesse dans les déductions, j'ai énoncé comme probable, ou seulement possible, cette autre loi : *Dans la descendance d'un* AILÉ, *l'essaimage est périodique*. Comme la période, si elle existe, est évidemment la même pour tous ces insectes, on peut dire simplement : *L'essaimage est périodique*. J'ajoutais en terminant :

« Pour des raisons qu'il y aurait abus à rapporter ici, je considère comme très probable la période de deux ans ([2]). »

» Il est nécessaire de préciser. J'ai montré, il y a deux ans ([3]), que la métamorphose en nymphe ne saurait être attribuée à une cause accidentelle, comme serait une nourriture spéciale, mais qu'elle tenait à un principe antérieur et inhérent à l'insecte sur lequel elle s'opère. La loi énoncée exprime que, dans la descendance d'un *ailé*, la transformation s'accomplira la seconde année sur tous les insectes qui en sont capables, en sorte qu'il ne restera plus sur les racines que des individus impropres à la subir eux-mêmes ou à en transmettre le principe à leurs descendants. Ainsi le troisième essaimage viendra, non des aptères qui restent sur les racines après le second, mais des *ailés* qui composaient ce second essaimage, comme ceux-ci sont venus exclusivement de ceux qui formaient le premier.

» Mais, cette période admise pour un moment, il faut bien remarquer qu'il *pourra* y avoir simultanément sur chaque vigne deux essaimages indépendants l'un de l'autre et produits par deux essaims dont le second serait venu une année, ou un nombre impair d'années, après le premier. Pour abréger, je les nomme *essaimage pair* et *essaimage impair*, selon que le *millésime* de l'année où ils se présentent est pair ou impair.

» J'ai signalé le parti qu'on pourrait tirer de cette loi, pour la destruction

---

([1]) *Comptes rendus*, 8 septembre 1879, p. 503 et 504.

([2]) *Essai* précité, p. 59, en bas.

([3]) *Discours sur le Phylloxera* (paru en octobre 1878), p. 34, l. 3. — *Essai* précité, p. 56, au milieu. — J'insiste sur les dates, pour montrer que cette théorie n'est pas faite après coup, mais qu'elle a précédé les faits dont elle va fournir l'explication.

de l'*œuf d'hiver*, et montré en même temps combien la démonstration expérimentale en serait difficile, bien que la nymphe semble assez commode pour ces recherches ([1]). Ce qui serait plus commode encore, ce sont les galles, si elles n'étaient pas si rares sur les cépages du pays, car les galles observées une année sont la preuve certaine ([2]) qu'un essaimage a eu lieu l'année précédente.

» Deux observateurs, dont aucun assurément n'a lu une seule ligne de ce que j'ai écrit sur ce sujet, apportent une première confirmation de ces idées : M. Laliman signale un malvoisie, placé chez lui dans le voisinage d'un taylor, et qui se trouve couvert de galles *tous les deux ans* ([3]) ; M. Cotte signale *la bisannualité des galles plusieurs fois observée* à Sorgues, chez M. Villion ([4]). Ce ne sont là que deux faits isolés; mais en voici un autre, d'un caractère très général.

» Au préalable, une courte explication est nécessaire. Il y aurait trois moyens, différents par leur objet et les procédés à mettre en œuvre, d'anéantir un essaimage : 1° détruire, avant qu'ils aient pondu, soit tous les *ailés* qui le composent, soit tous leurs enfants, les *sexués*; 2° détruire tous les *œufs d'hiver* pondus par les femelles sexuées; 3° détruire tous les *gallicoles* issus de ces *œufs d'hiver*. Il importe peu que ce soit à un ou à un autre de ces trois chaînons qu'on rompe le cycle; pourvu qu'on parvienne à le rompre, le résultat sera le même. Et, si l'on renouvelle l'opération avec succès deux années de suite, les deux cycles seront arrêtés et *il n'y aura plus d'essaimage*. Mais il faut se souvenir qu'il restera et pourra rester longtemps sur les racines des aptères, dont aucun ne subira ultérieurement la transformation en *ailé*. L'*œuf d'hiver* semble pouvoir être détruit assez facilement et à peu de frais, tandis que les *ailés*, les *sexués*, les *gallicoles* sont, pour le moment, hors de nos atteintes; mais il arrive justement que ceux-ci, *surtout les derniers*, sont directement soumis à toutes les influences météorologiques auxquelles l'*œuf d'hiver* échappe sous les écorces. Voici ce que j'écrivais en juillet 1879, et j'arrive maintenant au cœur de mon sujet :

« .... Le commencement du printemps (en 1879), jusque vers le 20 mai, n'a été véritablement que la continuation de l'hiver. Pluie, vent, froid, rien n'a manqué, si bien que,

---

([1]) *Essai* précité, et *Comptes rendus*, 8 septembre 1879, p. 505, l. 9.

([2]) Réserve faite d'une observation de M. Marion, qui n'aura d'ailleurs que peu d'influence si elle se confirme (*voir* son Rapport de 1878).

([3]) *Comptes rendus*, 2 août 1880, p. 275, au milieu.

([4]) *Comptes rendus*, 6 septembre 1880, p. 464, en bas.

pour la végétation, la vigne est en retard de quatre bonnes semaines. Si l'*œuf d'hiver* a éprouvé les mêmes retards pour les mêmes causes ([1]), nous n'y aurons pas gagné grand'-chose; s'il est éclos à l'époque ordinaire, ou seulement vers le 20 mai, les jeunes *gallicoles* ont dû singulièrement souffrir, *si même, faute de feuilles, ils ne sont pas morts de faim.* Il ne faut pas oublier que M. Boiteau, ayant placé des insectes de la première génération sur les racines les plus appétissantes, n'est jamais parvenu à les y fixer : l'insecte s'agite, n'essaye même pas d'implanter sa trompe et meurt d'inanition (*Comptes rendus*, 10 juillet 1876, p. 133, au milieu). *L'effet du temps calamiteux que nous avons subi pourrait être assez analogue à ce qu'aurait produit un badigeonnage général* ([2]). »

» J'entendais que ce temps calamiteux pourrait avoir détruit les *gallicoles* de première génération, et l'effet être le même que si un badigeonnage *général* eût détruit *partout* les *œufs d'hiver.*

» Et maintenant quelle est la situation aujourd'hui? Des observateurs nombreux signalent une atténuation sensible, cette année, de la maladie phylloxérique, *et en particulier un essaimage très peu important, à peu près nul en quelques endroits;* et cela, non pas sur des points particuliers, mais sur toute l'étendue du territoire viticole, en sorte que ce double phénomène se présente avec le même caractère de généralité qu'avaient les intempéries au printemps de 1879. Or les gallicoles de 1879 venaient de l'essaimage de 1878, qui est l'*essaimage pair*, le même par conséquent qui devait revenir en 1880. La période de deux ans admise, les avaries éprouvées par le premier essaimage en la personne des gallicoles permettaient donc de prévoir le peu d'importance du second, et en fournissent aujourd'hui l'explication la plus naturelle et la plus simple.

» De plus, si l'on se souvient que le produit d'un essaimage reste une partie de la première année sur les feuilles et ne vit tout entier des racines que la seconde année ([3]), et par suite que son influence ne s'y accuse que cette seconde année seulement, on s'explique fort bien ces exemples, beaucoup plus nombreux, de *vignes renaissantes* ([4]); et enfin, les intempéries les plus générales étant toujours soumises à des variations locales, on arriverait peut-être à rendre compte de toutes les anomalies observées.

([1]) C'est peu probable, son éclosion ne paraissant pas être une affaire de température (voir le *Journal de l'Agriculture*, numéro du 3 janvier 1880, p. 27 et 28).

([2]) *Essai* précité, p. 38 et 39.

([3]) *Discours sur le Phylloxera*, p. 37 et 38.

([4]) S'il n'existe qu'un essaimage (le pair ou l'impair) sur une vigne, un printemps comme celui de 1879 peut suffire à l'y arrêter pour toujours et amener ensuite la disparition de l'insecte par dégénérescence. C'est peut-être bien l'histoire de la plupart des *vignes renaissantes*.

» On a invoqué maintes fois des pluies diluviennes, survenues au cours du dernier été, pour expliquer le *quasi*-avortement de l'essaimage. Outre que ces pluies n'ont pas eu, à beaucoup près, le caractère de généralité propre au phénomène dont on cherchait la cause, elles ne donneraient, je crois, même dans les lieux où elles sont tombées, qu'une explication très insuffisante.

» M. Balbiani a retrouvé ses *ailés* sous les feuilles, et fort bien portants, le lendemain d'une forte averse ([1]); quant aux *sexués*, n'ayant pas à chercher leur nourriture, il leur est encore plus loisible de se mettre et de rester à l'abri. Un été présentant un déficit notable de la chaleur normale pourrait seul expliquer, et seulement dans les régions tempérées, un fait de cet ordre, parce qu'il se pourrait alors que la transformation en *ailé* ne se fît plus ([2]). Un tel été serait fort intéressant ; mais ce n'est pas le cas en 1880, et la situation présente me semble pouvoir être interprétée et invoquée en faveur de la période de deux ans.

» Peut-être remarquera-t-on avec intérêt que l'étude du Phylloxera de la vigne est assez avancée pour que le caractère de l'essaimage en 1880 ait pu être prévu (je ne dis pas annoncé) dix-huit mois à l'avance, et, comme cet *essaimage pair* ne reviendra que peu à peu à son intensité normale, je n'hésite pas à annoncer aujourd'hui que, considéré dans son ensemble, il sera encore relativement faible en 1882, quelles que soient d'ailleurs les circonstances climatériques. »

([1]) *Comptes rendus*, 14 décembre 1874, p. 1377.

([2]) *Journal de l'Agriculture*, numéro du 3 janvier 1880, p. 28, note (1), au bas de la page.

Observations pour servir à l'étude du Phylloxera;

PAR M. J. LICHTENSTEIN.

« L'Académie des Sciences a bien voulu me charger de quelques études sur le Phylloxera, en me laissant la latitude de les diriger dans le sens que je croirais le plus favorable. Elles ont porté plus particulièrement sur les vignobles de l'Hérault, mais j'ai puisé d'utiles enseignements à Lyon, au Congrès phylloxérique, dans la Gironde et enfin en Espagne, où le climat permet de plus longues observations, puisque le Phylloxera s'y engourdit à peine.

» Mes conclusions ne sont pas, hélas! très consolantes. Dans les contrées les plus méridionales de l'Europe, le pouvoir reproductif du Phylloxera est tel, que la lutte directe contre ce fléau paraît presque impossible.

» Peut-on compter, du moins, sur les ennemis naturels du Phylloxera pour enrayer ses ravages?

» Et d'abord, quels sont ces ennemis? Ils sont assez nombreux, surtout pour le Phylloxera aérien.

» *Parasites animaux.* — 1° A côté des galles, et même dans leur intérieur, on trouve une petite espèce de *thrips* (Orthoptère). Les galles qu'il envahit sont souvent vides d'œufs. Il mange aussi les œufs du Phylloxera du chêne. Ce petit insecte jaunâtre, à yeux noirs, est assez rare et une galle lui suffit. — Très petite aide.

» 2° La *coccinelle à vingt-deux points* (Coléoptère) dévore très bien, soit comme larve, soit comme insecte parfait, les Phylloxeras de toutes les espèces. Elle n'est pas non plus abondante et une seule feuille phylloxérée suffit à une coccinelle. — Utilité médiocre.

» 3° La punaise des bois (*Anthocoris nemorum*) se trouve très fréquemment, à tous ses états, soit sur les feuilles, soit dans les galles du Phylloxera, qu'elle suce très avidement. Elle vit également dans toutes les autres galles de *Pemphigiens ;* mais l'abondance de cet insecte vagabond et très commun n'a qu'une petite influence sur la population d'une galle. — Utilité très limitée.

» 4° Une espèce d'Hemerobius (le lion des pucerons de Réaumur), de petite taille, dont la larve est rayée de blanc et de noir, décime quelquefois la population phylloxérienne d'une feuille. — Son utilité, déjà faible, est encore restreinte par le fait qu'elle ne souffre pas dans son voisinage une autre larve de son espèce et la dévore même de préférence aux pucerons.

» 5° La *Mite rouge* (*Trombidium sericeum*), petite Arachnide qui semble vêtue de velours rouge, se trouve fréquemment partout, dévorant les pucerons qu'elle rencontre. — Plusieurs de ces Acariens, si vantés, ne sont pas aussi utiles qu'on le croit et ne sont très souvent fixés à un puceron que pour se faire transporter par lui d'un lieu en un autre. Ce n'est pas le cas pour le *Trombidium,* mais compter sur lui comme aide contre le Phylloxera serait presque comme compter sur une araignée pour nous délivrer des mouches.

» Aux racines :

» 6° J'ai élevé une petite espèce de Scymnus (*S. biverrucatus*) (Coléopt.), d'une larve couverte de poils blancs frisés, trouvée aux racines au milieu des Phylloxeras; je ne l'ai vue qu'une fois.

» 7° *Syrphus sp.*? une larve d'une espèce de mouche appartenant au groupe des Syrphides (presque tous mangeurs de pucerons) a été trouvée à Bordeaux.

» Enfin Riley cite trois ou quatre parasites de plus en Amérique qui n'ont pas été encore signalés en Europe.

» Mais, dans tout cela, il y a si peu d'effet utile à attendre, que je ne crois pas qu'on puisse se laisser aller à une espérance quelconque de voir l'un ou l'autre des ennemis du Phylloxera connus jusqu'à ce jour exercer une influence appréciable sur la progression du fléau.

» *Parasites végétaux.* — J'aborde à présent une question à laquelle les travaux d'un des Membres les plus célèbres de l'Académie des Sciences donnent une importance capitale.

» Y a-t-il un cryptogame qui attaque les pucerons en général et le Phylloxera en particulier? Ce cryptogame fait-il périr le puceron à tous ses âges, ou bien, respectant les larves, ne ferait-il périr que l'insecte parfait, comme le fait le champignon de la mouche (*Empusa muscæ*)? Dans ce dernier cas, son intervention perdrait beaucoup de sa valeur.

» La théorie de l'inoculation de germes cryptogamiques à un insecte pour le détruire ne date pas d'aujourd'hui. Elle a déjà été proposée en 1868 par le Dr Bail, de Posen, qui, allant même plus loin, trouvait dans les germes du ferment de la levûre de bière le *mycelium* fondateur d'un cryptogame qui, opérant le cycle de son évolution biologique par des migrations, sous diverses formes, d'un être animé à un autre, arriverait à devenir le champignon de la mouche domestique (*Empusa muscæ*), forme sous laquelle il fructifierait en lançant autour de sa victime une pluie de spores fécondes.

» Le Dr Bail vit encore, et depuis douze ans il n'a pas, que je sache, démontré la vérité de son opinion, et les savants allemands appelés à rendre compte des travaux de Bail ne paraissent pas lui être favorable.

» Cependant Cohn, Lebert, Hallier et une foule d'autres ont essayé d'éclairer cette question difficile. Tout récemment, le professeur Hagen, de Cambridge (Mass.), quoique névroptériste et s'étant très peu occupé de cryptogames, reprenait l'idée de Bail et la lançait en pâture à l'opinion publique, sans faire lui-même, je crois, des expériences à l'appui. En général, les insuccès ont été nombreux; mais on a cité une ou deux réussites d'inoculation, qui me surprendraient d'autant plus, que, s'il y a un cycle évolutif, il est évident que la graine, la spore fécondée, ne reproduira pas tout de suite une autre spore féconde, mais donnera naissance à un *mycelium* qui accomplira son évolution dans les circonstances voulues par les lois naturelles et ne fructifiera que l'année suivante.

» C'est ce qu'a parfaitement compris un savant français, M. A. Giard, à Lille, qui, en se livrant à une étude sur les cryptogames des insectes, auxquels il conserve le nom générique d'*Entomophthora*, admet deux états ou phases dans l'évolution de ces êtres : le premier dur, crayeux, détruisant les chenilles en hiver, qu'il appelle état de *Tarichium* (ce serait la phase fondatrice); le second friable, cristallin, se répandant en spores lancées autour des mouches en automne, qu'il appelle état d'*Empusa* (ce serait la phase sexuée fructifère).

» Dans les cryptogames attaquant les végétaux, on a depuis longtemps constaté, dans le cours des évolutions biologiques du même champignon, de très curieuses migrations d'une plante à une autre. L'épine-vinette, par exemple, sert de berceau à un cryptogame qui doit plus tard se développer sur les graminées. M. Max. Cornu a cité une foule de faits analogues.

» Des cryptogames se développant sur des pucerons existent. Il en est un qui a été cité anciennement [1], et, il y a quelques années, M. le professeur Planchon en découvrit un autre sur le puceron de la vesce, que M. Cornu a décrit et publié sous le nom d'*Entomophthora Planchonica.*

» D'où viennent ces champignons? A quelle phase de leur existence sont-ils lorsqu'ils attaquent les Aphidiens? Il n'est pas facile de répondre à ces questions.

» L'inoculation directe de la spore de l'*Empusa muscæ* aux pucerons ne m'a pas réussi. Je m'y attendais, car, comme je l'ai dit plus haut, la graine ne donne pas une graine, elle donne une plante qui fournira plus tard la graine.

» Je crois avoir été plus heureux dans des essais d'inoculation des spores de l'*Empusa* à deux chenilles de grand paon (*Bombyx pyri*); au moins, peu de jours après l'opération, le point piqué s'était entouré d'une auréole de petits points noirs. Mais ces chenilles ont fait leur cocon, et ce n'est qu'en mai prochain que je pourrai voir si les chrysalides ou les papillons sont attaqués du cryptogame (à l'état *Tarichium*). Si cela était, j'aurais quelque espoir, par une nouvelle inoculation ou par simple contact, de reproduire, sur la mouche, le cryptogame (à l'état *Empusa*) fructifiant en automne.

» Je demande pardon à la Commission de l'Académie d'avoir encore si peu à lui dire sur un sujet aussi intéressant; mais ni l'évolution d'un insecte ni l'évolution d'un cryptogame ne peuvent se suivre et se décrire généralement en moins d'un an. »

---

(1) *Empusa aphidis* Hoffmann (Bail, p. 26). Sur le puceron du cornouiller (*Cornus sanguinea*), c'est le *Schizoneura corni*, genre bien plus voisin des *Pemphigiens* que le puceron de la vesce.

Sur le traitement des vignes phylloxérées;

PAR M. H. MARÈS.

« Ainsi que je l'écrivais à M. Dumas dans une Lettre qui a été communiquée à l'Académie le 28 juin dernier, j'ai obtenu, en 1880, par l'emploi du sulfocarbonate de potassium dissous dans l'eau et réparti autour des ceps, de manière à obtenir du liquide insecticide une action en profondeur, concentrée autour du tronc et de ses grosses racines, des résultats tout à fait satisfaisants.

» Je vais tâcher d'indiquer ici ces résultats, qui, dans les terrains où je traite les vignes dont il sera question, me paraissent décisifs; mais je dois d'abord déclarer que, tout en les faisant connaître, mon intention n'est pas de les proposer comme exclusifs des autres procédés au moyen desquels on peut aussi ou défendre ou reconstituer les vignes attaquées ou détruites par le Phylloxera.

» Si j'étudie dans cette Communication l'action d'un agent qui m'a donné de bons effets, ce n'est pas une raison pour que je méconnaisse le parti qu'on peut tirer du sulfure de carbone et des vignes américaines. Je les emploie concurremment, en cherchant leur meilleur mode d'application. Chaque procédé peut avoir sa valeur, selon les conditions dans lesquelles il sera employé. Il faut en faire l'étude avec soin. Ceux qui seront les meilleurs, les moins chers et les plus pratiques seront préférés et s'imposeront d'eux-mêmes, s'ils sont réellement efficaces.

» L'examen fréquent et réitéré des vignes phylloxérées m'a fait reconnaître que certaines d'entre elles résistent à tous les moyens d'action qu'on leur applique pour les faire réagir et leur rendre quelque vigueur. Dans ce cas, je me suis aperçu que les ceps portent de profondes lésions, sur leur tronc même, dans les parties profondes, et sur leurs grosses racines, à leur insertion sur le corps de souche ou près de lui. Lorsqu'il en est ainsi, on peut bien provoquer la formation d'une certaine quantité de chevelu autour du tronc, dans sa partie supérieure, au moyen d'engrais énergiques; mais ces chevelus ne nourrissent que des sarments faibles, étiolés, incapables de se mettre à fruit. De pareils ceps sont frappés à mort et doivent être arrachés; la pourriture noire, qui s'y est engendrée à la suite de profondes lésions phylloxériques, les condamne à une décomposition dont la conséquence est l'étisie et la mort. Ce cas se produit fréquemment chez les vignes vieilles, plantées en terrain assez fort, quoique perméable, et sur les vignes jeunes, lorsque l'invasion s'y est montrée très violente.

» Les ceps qui, après s'être étiolés sous le coup d'une invasion phylloxérique, ont perdu leurs radicelles et leur chevelu, mais qui conservent encore saines leur souche et leurs grosses racines, peuvent se reconstituer et reprendre leur ancienne vigueur.

» La vie du cep se concentre donc autour du tronc, et plus particulièrement dans la souche, de laquelle partent les grosses racines. Tant qu'il ne s'y produit pas de lésions profondes qui en altèrent les tissus, tant qu'elle peut émettre des racines ou conserver celles dont elle est le centre, la vie peut revenir. C'est donc autour de la souche même et dans les profondeurs du sol, de manière à y saisir les colliers de grosses racines qui se forment ordinairement à l'extrémité souterraine du tronc, qu'il faut établir la préservation et au besoin la médication des ceps attaqués.

» On ne peut obtenir un pareil résultat qu'en établissant autour du cep lui-même et jusque dans ses profondeurs le traitement dont il est l'objet, et en se servant de moyens qui entraînent avec eux la diffusion des agents propres à détruire le Phylloxera et à médicamenter le cep. Le sulfocarbonate de potassium, dissous dans l'eau à raison de deux cent cinquante à cinq cents fois son poids, réalise toutes les conditions désirables pour atteindre le but poursuivi. Il détruit bien le Phylloxera, et, comme le sulfure de potassium, qui est un des éléments de sa composition, il paraît pousser à la revivification des tissus ligneux.

» Il s'agit donc de le faire pénétrer dans les profondeurs du sol, autour du tronc et de la souche de chaque cep, en les baignant ainsi que leurs grosses racines, à leur naissance et même sur une certaine longueur. On y parvient en déchaussant légèrement la vigne sur un faible diamètre, par exemple à 1^{m} pour celles qui sont espacées à $1^{m},50$ en tous sens, et en donnant au déchaussement une forme conique dont l'axe est formé par le tronc.

L'eau sulfocarbonatée qu'on verse dans cet auget s'infiltre dans le sol, en baignant à la fois le tronc et les grosses racines qu'elle suit dans leurs directions. Selon la consistance des terrains elle descend très bas. Ainsi, dans les sols légers et perméables, il suffit de 20^{lit} d'eau pour faire descendre à $0^{m},50$ de profondeur, au moins, l'humidité autour du tronc et des racines principales et imprégner la terre qui les entoure. Cette profondeur est déjà suffisante dans la plupart des vignobles où les ceps ne sont guère plantés qu'à $0^{m},30$ de profondeur. Dans les sols plus forts, il faut augmenter la quantité du liquide : avec 30^{lit} par cep on pénètre jusqu'à $0^{m},50$ et souvent même jusqu'à $0^{m},60$. C'est à cette quantité d'eau que je me suis arrêté dans la pratique. Selon les indications de M. Dumas, cette eau doit être employée en deux fois. On dissout l'agent toxique à raison de 60^{gr} de sulfocarbonate dans 20^{lit} d'eau, et on les répand au pied du cep; dès qu'ils sont imbibés, on lave cette première application en versant encore sur elle 10^{lit} d'eau claire; on pénètre ainsi très bas. Lorsque l'application du sulfocarbonate de potasse dissous se fait en surface afin d'atteindre tous les Phylloxeras, l'imbibition du liquide dans le sol ne produit que de très faibles résultats qui annulent en quelque sorte son action. Ainsi l'espacement des ceps à $1^{m},50$ en tous sens et en carré donne pour chacun d'eux $2^{m},25$ de surface. 30^{lit} d'eau versés sur ces $2^{m},25$ ne les couvrent guère que d'une épaisseur de liquide de $0^{m},012$, s'il est uniformément répandu. En pareil cas, la pénétration dans un sol à surface ressuyée et sèche, comme c'est presque toujours le cas, ne se fait guère qu'à $0^{m},11$ ou $0^{m},12$ de profondeur. A ce niveau, dès que le Phylloxera a envahi la vigne, les chevelus et les radicelles ont péri, et l'insecte ne se trouve guère que sur les racines situées plus bas; il descend même encore pour fuir les effets de l'insecticide, et il se loge sur les racines profondes, parfois même sur le corps de souche, qu'il aurait encore épargné. L'effet du traitement est perdu et la vigne peut être compromise. Pour pénétrer plus profondément sur toute la surface, et descendre à $0^{m},40$ par exemple, il faudrait tripler et quadrupler les quantités d'eau, délayer outre mesure le sulfocarbonate et en annuler ainsi l'action toxique; on arrive alors à d'immenses difficultés : encore ne réussit-on pas à détruire tous les insectes, comme l'a prouvé l'expérience de Mancey.

» C'est après avoir constaté ces faits et ces accidents qu'en 1879, agissant sur des vignes depuis longtemps phylloxérées (1873 et 1874) et très attaquées, j'ai abandonné les traitements en surface pour les applications en profondeur. Les résultats en ont été des plus remarquables. Ils ont commencé à se manifester lentement en 1879; mais, en 1880, ils se sont affirmés par une grande augmentation de végétation et de fructification, et par une reconstitution remarquable de nouvelles racines, sur lesquelles le Phylloxera a considérablement diminué, et même presque disparu dans le courant du mois d'octobre. Dans les vignes de seize à dix-huit ans, plusieurs parcelles sont même presque revenues à l'état normal, malgré les contrariétés qu'a éprouvées en 1880 la végétation de la vigne et les attaques d'insectes (vers gris, altises, etc.) dont elle a été comme accablée jusqu'à la mi-juillet.

» Les vignes sur lesquelles j'opère ayant été très déprimées, je leur ai donné, en 1879 et en 1880, deux arrosages de 30^{lit} d'eau chacun et de 60^{gr} de sulfocarbonate de potassium par cep. Les applications ont eu lieu en 1879, d'avril en mai et d'août en septembre, en 1880, de fin avril à fin juin, et du 7 août au 30 septembre. Quoique chaque traitement ait toujours agi sur la vigne de manière à en développer la végétation, ceux d'avril et mai m'ont paru les plus efficaces. En été, l'époque du traitement ne m'a pas paru exercer une influence bien notable sur ses résultats, mais ceux-ci se sont toujours montrés avantageux. Les vignes dans lesquelles je n'ai appliqué jusqu'à présent qu'un seul traitement annuel, au mois de mai, sont bien moins rétablies que les autres et se présentent moins bien; celles qui n'ont reçu aucun traitement sont perdues.

» Chaque année à peu près, depuis que le Phylloxera a tout envahi dans la contrée et qu'il ne reste plus un cep inattaqué, on le voit sensiblement diminuer en nombre, sur les racines, en mai et juin; il reparaît et pullule considérablement en juillet, août et septembre.

» J'ai déjà indiqué, en 1880, les raisons qui me paraissent provoquer ces phénomènes. La grande pullulation estivale du Phylloxera me paraît tenir principalement à la température élevée qu'acquiert le sol jusque dans ses profondeurs sous l'influence des chaleurs prolongées et de la sécheresse, et à la durée de cet état. Les changements de température, les pluies qui refroidissent le sol, toutes les variations si fréquentes au printemps peuvent contrarier l'insecte ou en diminuer le nombre.

» Quoi qu'il en soit, le double traitement annuel des ceps par le sulfocarbonate de potasse employé en profondeur m'a donné des résultats remarquables. L'année 1880, à printemps et été accompagnés de pluies, peut bien y avoir aidé, ainsi que l'isolement de mes vignes dans une localité qui naguère n'était qu'un immense vignoble, où un champ était une rareté; mais si, comme tout porte à le croire, ces résultats se soutiennent, les parcelles de vignes qui n'auront pas été trop maltraitées en 1878 et démembrées par la mort d'un trop grand nombre de ceps retourneront à l'état normal en 1881. Le nombre de leurs nouvelles racines qui s'emparent de nouveau de toute la surface du sol et la faible quantité de Phylloxeras qu'on y rencontre me donnent le meilleur espoir.

» Comme fructification, la progression a été la suivante pour trois parcelles de seize à dix-huit ans d'âge, plantées en aramon et formant ensemble une surface de 5^{ha} :

	Vendange [1].
	hlit
1878	144
1879	300
1880	531

» A l'état normal, ces 5^{ha} produisaient en moyenne environ 1000^{hlit} de vendange qui donnaient 800^{hlit} de vin. Dans tous les cas, en 1880, la récolte a été à peu près quatre fois plus forte qu'en 1878 : elle approche de celle de 1877, et la végétation des racines et des sarments est en harmonie avec cette fructification.

» Le traitement par le sulfocarbonate de potassium dilué me paraît donc de nature à conserver les vignes sur lesquelles il sera régulièrement appliqué. Les vignobles de grand cru finiront par l'adopter dès que le Phylloxera y fera son apparition, car il a l'avantage de constituer un procédé sûr, qui ne porte aucun préjudice à la vigne, et qui en favorise le développement, tout en détruisant sur elle les insectes parasites. Il possède la précieuse propriété de pouvoir être employé sans inconvénient pendant toute la période de végétation. Il permet donc au besoin d'attaquer et de détruire le Phylloxera lorsqu'on voit se produire et paraître les nymphes de la forme ailée. Enfin, si dans les vignobles du Midi, sous le climat des longues sécheresses estivales, et dans les parcelles très attaquées et affaiblies, deux applications paraissent nécessaires, dans ceux des régions plus tempérées et plus arrosées de l'Est, du Centre et de l'Ouest, qui sont rafraîchis par des pluies d'été, une seule application sera probablement suffisante.

» Une fois l'efficacité reconnue, l'emploi ne tardera pas probablement à se généraliser, et d'autant plus vite que le prix du vin restera élevé. Il est aujourd'hui démontré qu'au moyen de simples tuyaux emmanchés bout à bout on peut, en partant d'un niveau supérieur, conduire l'eau fort loin et sans grande dépense. Les moyens mécaniques appliqués à l'irriga-

---

(1) Il s'agit ici d'hectolitres de raisin, produisant environ 80^{lit} de vin.

tion de grandes surfaces simplifient le problème. Dans les localités privées d'eau de puits, de source ou de rivière, l'eau des pluies d'été peut être, à la rigueur, recueillie dans des réservoirs ouverts à la surface du sol, où il suffira de la conserver quelques jours. Une pompe et quelques mètres de tuyaux suffisent ensuite pour son emploi immédiat.

» C'est le sulfocarbonate de potassium qui constitue réellement la dépense et la difficulté du procédé. Jusqu'à présent il a fallu le payer 50^{fr} les 100^{kg}; mais tout porte à croire que nous approchons du moment où l'on pourra se le procurer au prix de 30^{fr}. La pratique simplifiera alors la question de son emploi économique lorsqu'il est dilué dans l'eau.

» Si je ne me trompe, il me paraît que les vignobles dont la culture est basée sur le provignage et qui ne peuvent adopter les cépages exotiques que fort difficilement et en changeant complètement leurs procédés culturaux, et, par conséquent, la nature de leurs produits; que les vignobles à vins fins, qui doivent avant tout conserver la supériorité et la qualité de leurs récoltes, vont avoir à leur disposition un procédé qui réunit toutes les conditions de réussite : diffusion de l'agent antiphylloxérique; action de reconstitution sur les tissus de la racine ; action physiologique comme engrais sur la plante; emploi possible et efficace pendant tout le cours de la végétation et même facilité d'application. Il permettra d'obtenir des résultats dont la certitude ne me paraît guère douteuse. S'il en est ainsi, la Science, par les recherches d'un des Membres les plus illustres de cette Académie, aura encore une fois délivré l'Agriculture d'un de ses fléaux les plus redoutables et rendu à l'humanité un de ses produits alimentaires les plus utiles. »

Action du sulfocarbonate de potassium sur les vignes phylloxérées.

Par M. MOUILLEFERT.

« Sept années se sont écoulées depuis nos premiers essais à la station viticole de Cognac avec le sulfocarbonate de potassium, que M. Dumas a proposé pour combattre le Phylloxera.

» Sa consommation, qui n'était que de quelques kilogrammes en 1874, de quelques centaines pendant les années d'essai 1875 à 1877 et de quelques milliers de kilogrammes ensuite, atteint près de 500000^{kg} en ce moment.

» La Société nationale a traité à forfait environ 660^{ha}, comprenant 2810425 souches, réparties entre 120 propriétés. Le traitement de cette superficie a exigé environ 221000^{kg} de sulfocarbonate ou près de 75000^{mc} de solution sulfocarbonatée (¹).

» Le prix de ces traitements a varié de 250^{fr} à 400^{fr} l'hectare.

» On peut ainsi diviser ces 660^{ha} de la manière suivante :

» 22^{ha} ayant de trois à six années de traitement;

» 194^{ha} ayant reçu deux traitements;

» 441^{ha} traités pour la première fois en 1880.

(¹) De plus, une trentaine de propriétaires non syndiqués ont employé 31000^{kg} de sulfocarbonate, sur une superficie d'environ 80^{ha}.

I. — Vignes ayant de trois a six années de traitement.

» Ces vignes appartiennent à M. Marès ([1]), à Launac, à M. Moullon, à Cognac, et à M. de Georges, à Ludon, auxquelles il convient aussi d'ajouter celles de Mézel, près Clermont-Ferrand, dont environ 1^{ha} est soumis au traitement du sulfocarbonate, appliqué au pal depuis 1875, et que l'on a traitées pour la première fois avec nos procédés en 1880.

» Les vignes de M. Moullon et de M. de Georges, qui étaient si affaiblies lors du premier traitement, sont aujourd'hui *entièrement régénérées et donnent des récoltes normales depuis plusieurs années*. La vigne de M. Moullon, qui ne donnait en 1876 que 15 à 16^{hlit} à l'hectare et qu'il voulait arracher, produisait, en 1878, 80^{hlit}, en 1879 à peu près la même quantité, malgré la mauvaise maturité, et en 1880 près de 75^{hlit}.

» Quant aux vignes de Mézel, le sulfocarbonate ayant été appliqué pendant plusieurs années au pal, moyen défectueux, tout en donnant d'assez bons résultats, elles ont été plus longtemps à se remettre.

II. — Vignes ayant deux années de traitement.

(11 propriétés, 184^{ha}, 810080 souches.)

» Cette deuxième catégorie comprend une dizaine d'hectares appartenant à M. Jules Maistre, la Provenquière à M. Teissonnière, diverses petites propriétés voisines de la précédente, et les cinq domaines de démonstration de la Société nationale.

» 1° *M. Jules Maistre, à Villeneuvette* (10^{ha}). — Les vignes signalées à l'Académie le 10 novembre 1879, comme étant fort malades, ont continué pendant la deuxième année de traitement, sous l'influence de deux applications de sulfocarbonate à raison de 75^{gr} par souche, à marcher vers la guérison. Sur beaucoup de points la récolte a été très supérieure à celle de 1879 et la végétation des ceps est redevenue normale.

» 2° *M. Teissonnière, à la Provenquière* (111^{ha}, 70 et 446800 *souches*). — En mars 1879 on connaissait quatre taches, la plus ancienne découverte à l'automne de 1877; on les traita à raison de 125^{gr} de sulfocarbonate par souche, sans fumure. Le reste de la propriété fut traité avec 75^{gr} par pied.

» Au mois de juin, on découvrait dix autres points d'attaque qui n'avaient, par conséquent, été traités qu'à la dose de 75^{gr}.

(1) M. Marès a rendu compte lui-même des effets du traitement.

» Deux des premières taches étaient complètement effacées à la fin de l'été; on n'y retrouvait même plus de Phylloxeras le 25 septembre.

» Quant aux deux autres taches, situées dans un sol crayeux ou d'argile feuilletée stérile, bien qu'il y eût amélioration, elles subsistaient encore. Une de ces taches fut défrichée et l'autre conservée à titre d'expérience.

» A la fin de l'automne on ne découvrit aucun autre point d'attaque.

» En 1880, on traita les taches à raison de 125gr par souche et pour quelques-unes on ajouta des engrais chimiques. Le reste de la propriété reçut un traitement uniforme de 55gr à 60gr par cep.

» Au mois de juin, les anciennes taches s'étaient agrandies et l'on découvrait cinq ou six nouveaux points d'attaque, auxquels s'ajoutaient, dans le courant d'octobre, quelques foyers peu importants.

» A la fin de l'été, toutes les taches traitées d'une manière spéciale s'étaient effacées ou amoindries. Les autres n'avaient pas changé, l'effet du sulfocarbonate s'étant borné à ralentir la marche du mal.

» Quant à la récolte, qui n'était en 1878, avant le traitement, que de 6500hlit, et qui était montée en 1879 à 10100hlit, première année du traitement, elle atteignait à la vendange dernière 13200hlit, soit près du double de celle de 1878. Cependant, les dégâts de la Pyrale avaient enlevé plusieurs milliers d'hectolitres.

» La Provenquière comptait sans doute, au moment du premier traitement, un grand nombre de taches phylloxériques que l'on aurait pu découvrir si l'on avait organisé un service de recherche en profondeur.

» La dose de 60gr par souche, qui suffirait pour préserver de l'invasion un vignoble sain ou affecté d'une invasion tout à fait récente, est, d'après ce qui précède, insuffisante lorsque l'envahissement des souches est général ou lorsque celles-ci ont déjà souffert; il faut traiter alors toute la surface et mettre par souche de 125gr à 150gr de sulfocarbonate (500kg à 600kg à l'hectare); en agissant ainsi, le mal est enrayé, la réinvasion d'été est toujours très faible, et la souche affaiblie se relève.

» 3° *Domaines de la Société* : 42ha (197185 *souches*). — Il était difficile de trouver des vignes plus malades et plus affaiblies que celles des domaines que la Société nationale a loués dans le Bordelais. Sauf quelques rares exceptions, arrivées au dernier degré de délabrement, elles ne produisaient plus.

» Le traitement de 1879 a été renouvelé en 1880, mais en portant la dose de sulfocarbonate à 100gr par souche au lieu de 75gr, et en la complétant, sur les parties les plus affaiblies, par une fumure composée de 60^{gr} de sulfate d'ammoniaque et de 30^{gr} de superphosphate.

» Les quarante-trois pièces dont on désespérait sont régénérées. La longueur des sarments est absolument normale. Le système radiculaire, presque reconstitué, est en très bon état.

» L'action du sulfocarbonate se montre plus grande et plus rapide dans les sols siliceux que dans les sols calcaires ou crayeux.

III. — Vignes ayant une année de traitement.

(485^{ha}, 44 propriétaires, 1904915 souches.)

» 1° *Syndicat de Béziers-Capestang* (197^{ha}, 926054 *souches environ*). — Les vignes du syndicat de Béziers-Capestang occupent les situations les plus diverses; les unes se trouvent en terre franche fertile, d'autres en sol argilo-calcaire à différents degrés de fertilité, et enfin quelques-unes en sol crayeux ou argileux stérile. Ces vignes présentaient des taches plus ou moins étendues, découvertes pendant les années 1877-1878 pour les plus anciennes et en 1879 pour les plus récentes.

» Les taches ont été traitées à raison de 125^{gr} à 150^{gr} par cep, et les parties qui ne paraissaient pas malades à raison de 62^{gr}.

» Dans beaucoup de cas, des fumures de tourteaux, de chlorure de potassium ou de fumier de ferme ont accompagné le traitement.

» Sauf quelques exceptions, les taches ont été circonscrites et l'on a constaté une amélioration considérable dans l'état des ceps des parties contaminées. Les effets du traitement ont été remarquables dans les endroits où l'on a mis 120^{gr} ou 150^{gr} de sulfocarbonate au lieu de 62^{gr}; les propriétaires sont unanimes à cet égard. Le résultat a été si satisfaisant, que presque tous continuent les traitements en 1881, ou même font traiter des surfaces plus importantes, et leurs voisins les imitent.

» *Syndicat d'Aigre (Charente)* : 6 *propriétaires*, 56^{ha}, 252990 *souches.* — Toutes les vignes de ce syndicat sont sur sol calcaire à couche arable pierreuse, très peu profonde et à sous-sol formé de bancs de pierres plus ou moins fendillés ou d'un tuf crayeux imperméable aux racines. Un tel sol est très favorable au Phylloxera; aussi la plupart des vignes étaient-elles arrivées au dernier degré d'épuisement, notamment celles de MM. Georges, Élie et Lucien Gautier. Nous n'avons pas hésité cependant à entreprendre leur régénération.

» Les traitements ont eu lieu dans le mois de mai et au commencement de juin. Les vignes les moins affaiblies ont reçu 90^{gr} de sulfocarbonate par souche. Les parties les plus affaiblies ont d'abord reçu 65^{gr} à 80^{gr} par souche, et dans le courant d'août 50^{gr} à 55^{gr}. Quelques parties ont reçu une petite fumure composée de sulfate d'ammoniaque et de superphosphate.

» Pour les vignes où les ravages n'étaient pas trop profonds, les taches se sont circonscrites, et l'on n'a pas vu de nouveaux points d'attaque.

» Quant aux vignes les plus affaiblies, qui avaient reçu deux traitements, elles étaient restées jaunes jusqu'au 15 juillet, et leurs sarments ne s'allongeaient plus depuis le courant de mai. Sur les racines, on commençait cependant à voir poindre de nouvelles radicelles nombreuses. Lors du deuxième traitement, le chevelu était déjà très abondant et la végétation des sarments, qui avait été si longtemps arrêtée, était repartie. La pousse d'août s'est faite dans de très bonnes conditions.

» *Divers autres syndicats de la région du Bordelais* : 21 *propriétaires*, 56^{ha},45, *soit* 253756 *souches*.

	ha	Souches.
Syndicat de Duras	9,00	40424
Syndicat de Bergerac	4,00	17695
Syndicat de Sainte-Foy-la-Grande	32,20	144900
Syndicat de Flaujagues	5,40	24281
Syndicat de Cognac-Jarnac	5,50	24756
M. Mestreau, à Saintes	0,35	1600
	56,45	253756

» Ces vignes représentent les situations les plus variées sous le rapport de la nature du sol, du degré de maladie ou des procédés de culture et de plantation. A peu d'exceptions près, elles se trouvaient très affaiblies, sinon réduites à la dernière extrémité au moment du traitement, effectué du mois de mars au mois de juin, et même dans la première quinzaine de juillet. La dose de sulfocarbonate employée a été en moyenne de 300^{kg} à l'hectare ou, suivant le mode de plantation, de 60^{gr} à 75^{gr} par souche.

» Il y a eu des exemples de régénération véritablement extraordinaires dans les sols siliceux; sur les sols silico-argileux ou même argileux, l'action de l'insecticide a été également très accentuée; sur les sols calcaires frais et substantiels, on a constaté d'une manière générale de grands progrès. Sur les terrains crayeux ou calcaires secs et maigres, où la vigne même en pleine santé a beaucoup de peine à vivre, on reconnaissait encore une amélioration dans l'état des ceps.

» *Syndicat de Libourne* : 5 *propriétaires*, 41^{ha}, *soit* 259799 *souches*. — Les vignes de ce syndicat sont pour la plus grande partie sur des sols siliceux ou silico-argileux, avec sous-sol imperméable, et le reste sur des terrains argilo-calcaires ou calcaires argileux. Les plantations comprennent de 5600 à 10000 souches à l'hectare. Toutes ces vignes, phylloxérées depuis 1873-1874, étaient très affaiblies, au moment du traitement; la récolte avait diminué d'année en année. En 1874 on récoltait sur 52^{ha}, au château des Tours, par exemple, 148 tonneaux de vin, et en 1879 seulement 30. Toutefois, dans les parties franchement siliceuses, la vigne n'offrait encore, au moment du traitement, que des taches plus ou moins grandes au lieu d'un affaiblissement général. Le traitement a été effectué de la seconde quinzaine d'avril au mois de juin, en mettant de 400^{kg} à 500^{kg} de sulfocarbonate par hectare ou de 50^{gr} à 70^{gr} par souche.

» Dans les parties sablonneuses, le chevelu s'est reconstitué, la pousse d'août a été très bonne et la réinvasion à peu près nulle.

» *Syndicat de Bonnetan (Gironde) : 6 propriétaires*, $54^{ha},60$, *soit* 211 716 *souches*. — Les vignes de ce syndicat sont en général sur des sols silico-argileux caillouteux, à sous-sol argileux; certaines parties sont en sol siliceux ou calcaire, et même en terre franche. On trouve des vignes de tous les âges; de jeunes vignes de quelques années et des souches presque centenaires. La plantation est, en général, faite à 2^m sur $1^m,33$, comptant environ 3600 souches à l'hectare.

» Les premières attaques du Phylloxera remontent à 1872-1873, et depuis longtemps déjà toutes les vignes que nous avons traitées avaient subi un affaiblissement général qui les avait rendues à peu près improductives; sur certains points, la maladie avait même fait de si grands ravages que l'on constatait un grand nombre de ceps déjà morts, et des surfaces importantes avaient dû être arrachées.

» C'est dans ces tristes conditions que le sulfocarbonate a été appliqué. L'opération a été effectuée de la fin d'avril à la fin de juin, suivant les circonstances; on a traité sans fumure chaque souche à raison de 125^{gr} pour les plus malades et de 75^{gr} pour les moins affaiblies.

» Quelques jours après le traitement, on constatait que, dans le rayon d'action de la solution sulfocarbonatée, les Phylloxeras avaient disparu, et dès la fin de juillet les vignes traitées prenaient une teinte d'un vert foncé, dénotant une reprise vigoureuse dans la végétation.

» En effet, au mois d'août, il y avait une différence extrêmement considérable entre les vignes traitées et celles qui ne l'avaient pas été; il n'était pas rare de voir des sarments de plus de 3^m de longueur, là où l'année précédente ils étaient très courts et très grêles; sur les racines, particulièrement dans les sols poreux, on trouvait une large reconstitution de chevelu.

» La réinvasion a été peu importante.

» Il ressort de ces traitements de première année dans cette région viticole :

» 1° Que la puissance de régénération du sulfocarbonate, notamment dans les sols siliceux, graveleux ou même argilo-siliceux, est considérable et que dans toutes les situations on peut compter sur de bons effets;

» 2° Que la dose de 60^{gr} à 75^{gr}, appliquée dans des conditions identiques, est bien plus efficace dans le Sud-Ouest que dans le Sud-Est; dans le premier cas, elle est non seulement préservatrice, mais elle est encore régénératrice à un degré très accentué : toutefois, comme dans le Sud-Est, l'effet produit sur les souches affaiblies est proportionnel à la dose employée;

» 3° Que les jeunes plantations, de quatre à vingt ans, profitent d'une manière tout à fait spéciale. »

Rapport sur les opérations effectuées par l'Association syndicale de l'arrondissement de Béziers, pour combattre le Phylloxera;

Par M. L. JOUSSAN.

« Les traitements antiphylloxériques n'ont guère été entrepris dans notre arrondissement qu'en 1878. On était encore sous la fâcheuse impression de la première heure; le discrédit le plus complet pesait sur les insecticides, le remède était pire que le mal, on devait tuer la vigne.

» Néanmoins il dut se manifester quelques résultats satisfaisants, puisque, lorsque le décret du 2 août 1879 fut connu, un nombre considérable de propriétaires vint se grouper en syndicat autour de ceux qui avaient donné l'exemple. Ce mouvement fut incontestablement donné, je puis l'affirmer, par la promesse de subvention, faite par M. le Ministre de l'Agriculture.

» Que risquait-on, en effet? En admettant que la réussite ne fût pas à la hauteur des espérances conçues, ce n'était plus qu'une dépense peu onéreuse; le but à atteindre valait bien la peine de la risquer.

» Le syndicat pour la campagne 1879-80 comprenait 2120^{ha} et 144 souscripteurs répartis en 28 communes.

» Les effets obtenus furent mis dès lors à la portée d'un plus grand nombre; on put constater sur bien des points la différence qui existait entre les vignes traitées et celles qui ne l'étaient pas; l'avantage dut être en faveur des premières, puisque le syndicat formé pour la campagne 1880-81 comprend 5767^{ha} et 551 souscripteurs répartis en 53 communes.

» L'examen des listes de souscription démontre bien évidemment avec quelle intensité la lumière s'est faite.

» L'écart entre les deux années pour les contenances est bien grand, mais n'est pas, à mon avis, aussi parlant que le nombre des associés traitant surtout de petites surfaces; le Tableau ci-après vous en donnera une idée exacte.

» J'ai divisé nos syndiqués en séries représentant la petite propriété, le cultivateur, la propriété moyenne et enfin la grande propriété, mettant en regard les traitements de 1880 et de 1881, afin que vous puissiez mieux en saisir la progression.

Détail des surfaces traitées.	SUBMERSION. Nombre de souscripteurs.		Nombre d'hectares.	
	1880.	1881.	1880.	1881.
De 4^{ha} et au-dessous...	7	13	16,50	33,50
De 5^{ha} à 9^{ha}.........	2	9	11	68
De 10^{ha} à 19^{ha}.......	3	6	31	84
De 20^{ha} à 29^{ha}.........	5	4	139	97
De 40^{ha} et au-dessus....	2	8	135	384,40
	19	40	332,50	666,90

Détail des surfaces traitées.	SULFURE DE CARBONE. Nombre de souscripteurs.		Nombre d'hectares.		SULFOCARBONATE DE POTASSIUM. Nombre de souscripteurs.		Nombre d'hectares.	
	1880.	1881.	1880.	1881.	1880.	1881.	1880.	1881.
De 4^{ha} et au-dessous.	59	252	136	580,90	10	32	17	73
De 5^{ha} à 9^{ha}.......	18	65	120	395	2	23	12	144
De 10^{ha} à 19^{ha}.......	18	53	207	682	6	10	80	127
De 20^{ha} à 39^{ha}.......	11	36	247	975	»	9	»	267,25
De 40^{ha} et au-dessus...	9	29	585	1666	1	2	110	190
	115	435	1351	4298,90	19	76	219	801,25

» Ainsi, pour les insecticides surtout, nous avons cette année 5099^{ha} au lieu de 1570^{ha} en 1880, soit une surface trois fois environ plus considérable, tandis que le nombre de souscripteurs, qui était de 134, est aujourd'hui de 511, presque cinq fois plus grand.

» En étudiant encore ces chiffres à un autre point de vue, nous trouvons : 1° que la moyenne des surfaces traitées en 1880 a été par souscripteur de $12^{ha},40$, tandis qu'en 1881 elle n'est que de $9^{ha},90$; 2° que dans la première série, soit de 4^{ha} et au-dessous, la moyenne est de $2^{ha},30$; que dans la deuxième série, soit de 5^{ha} à 9^{ha}, la moyenne est de $6^{ha},05$; que dans la troisième série, soit de 10^{ha} à 19^{ha}, la moyenne est de $12^{ha},80$, et qu'en réunissant ces trois séries, que l'on peut considérer comme les types de la propriété moyenne et de la très petite propriété, nous nous trouvons en présence de 370 souscripteurs traitant en moyenne chacun $4^{ha},50$.

» Cela est bien significatif. Tout le monde sait que le petit propriétaire, le cultivateur, soigne admirablement sa vigne, qu'il lui prodigue, sans compter, les façons, les fumures, mais aussi qu'il est réfractaire aux innovations. Il a le culte du passé : « C'est bon pour les riches », dit-il. Néanmoins, avec son esprit scrutateur et logique, il observe attentivement ce qui se passe autour de lui; il sourit bien un peu, mais, quand il a reconnu que là où il perdait son temps et sa peine, cette nouveauté, qu'il entendait discuter sévèrement peut-être, obtient ce qu'il n'a pu obtenir, il l'adopte sans hésiter, il en devient, on peut le dire, fanatique. Nous l'avons fait ainsi pour la pyrale; il la recherchait avec une patience sans bornes, sous les écorces, dans le raisin, sur les feuilles; aujourd'hui il ébouillante sa vigne; si elle est trop petite pour supporter les frais d'achat d'une chaudière, ils s'y mettent à plusieurs et opèrent à frais communs; quelquefois ils redoublent l'opération.

» Aujourd'hui, il ne s'est pas départi de ses habitudes; il doit avoir entrevu la vérité, car 252 cultivateurs traitent des surfaces de 4^{ha} et au-dessous, 193 de plus que l'an dernier.

» On a comparé l'invasion phylloxérique à la tache d'huile s'étendant graduellement du centre à la circonférence; cette comparaison, si pittoresque et si vraie, nous pouvons la revendiquer et l'appliquer aux traitements.

» En 1878, ils commencèrent sur trois points de notre arrondissement : dans la commune de Villeneuve, dans celle de Béziers et dans celle de Capestang. Ces points isolés se sont aujourd'hui rejoints tous, comme les foyers phylloxériques, et forment une immense surface où la défense est à peu près générale.

» Le Tableau suivant vous rendra ce fait bien visible.

	Nombre de souscripteurs. 1880.	1881.
Commune de Villeneuve	11	25
Communes contiguës de Cers, Portiragnes et Sérignan	2	14
» » de Béziers	41	71
» » de Capestang	11	101
» » de Nissan, Puisserguier et Quarante	10	89
	75	300

» 300 souscripteurs se sont groupés autour de ces trois points; les alons d'attente posés cette année autour de ces centres d'action serviront de base aux traitements de 1882, dont l'importance sera très grande, nous en sommes certains. Les vides existant encore se combleront, la tache d'huile aura suivi sa marche envahissante.

» Le propriétaire qui se décide à entreprendre la lutte par les insecticides fait vraiment acte de courage et de décision; on lui a tellement dit : « La lutte est impossible, tous vos efforts seront impuissants, l'argent dé» pensé le sera en pure perte, le garder est la première économie à réali» ser, » qu'il est bien excusable d'hésiter. Aussi, dès qu'il s'est résigné, est-il impatient d'être récompensé de son sacrifice, de voir se produire un résultat immédiat. Ce résultat ne se produit jamais assez vite à son gré; il espérait, à la fin de la saison, voir sa vigne splendide, tranchant par sa végétation luxuriante sur les vignes voisines et démontrant qu'il avait eu bien raison d'agir ainsi. Il n'en est rien ; elle est plus verte que les autres, mais c'est si peu de chose; il faut chercher, cela ne saute pas aux yeux. Aussi presque toujours est-il pris d'un profond découragement, et se rappelle-t-il, non sans amertume, les conseils d'économie et de prudence qui lui ont été donnés.

» A mon avis, il faut, pour entreprendre le deuxième traitement, beaucoup plus d'énergie que pour entreprendre le premier; on avait de riantes illusions, on n'en a plus; si on le fait, ce n'est que poussé par la logique et le raisonnement. J'ai éprouvé bien souvent moi-même cette lassitude et ce dégoût, en voyant, après un premier traitement, les taches primitives s'agrandir, de nouvelles se former, et pourtant j'avais la foi.

» Aussi mon sentiment est que c'est sur la seconde année de traitement que doit se concentrer toute la force d'action dont vous pouvez disposer. A la fin de la saison, l'amélioration sera assez sensible pour que l'hésitation ne soit plus permise.

» Dans l'état actuel des connaissances sur le Phylloxera, et des moyens de le combattre avec succès, il est une idée qui a bien fait son chemin, qui rendra la solution plus facile et la tâche plus aisée : c'est la conviction que pour conserver les vignes phylloxérées il faut les traiter au moment le plus rapproché de l'invasion.

» On commence à être convaincu que, avant que le mal soit apparent, il existe depuis plusieurs années : il faudrait donc agir comme pour l'oïdium alors qu'il est encore à l'état latent. Bien qu'on n'aperçoive pas encore l'insecte, il y est pourtant; aussi voyons-nous des vignes en traitement aujourd'hui qui n'avaient témoigné l'année dernière qu'un peu de jaunissement;

des vignes très grandes traitées sur toute leur étendue, quoique n'ayant qu'une tache apparente de quelques souches, d'autres enfin, traitées bien que paraissant indemnes, mais suspectes à cause de leur voisinage contaminé.

» Le jour où cette idée aura bien pénétré dans l'esprit des propriétaires, la conservation des vignes sera assurée; tous les efforts doivent donc y tendre, et ma conviction est qu'on y parviendra sûrement en insistant avec force sur les encouragements à donner pendant la première et la seconde année.

» L'État, ému des pertes occasionnées au Trésor, à la prospérité publique par la destruction d'une grande partie du vignoble français, cherche à sauver ce qui a échappé au fléau, mais qui, fatalement, devait succomber à bref délai sous ses étreintes; vous vous êtes mis à l'œuvre, et de vos travaux, de vos informations, il en est résulté pour vous la conviction que l'on pourrait conserver les vignes encore indemnes ou à un degré d'invasion peu avancé par la submersion, le sulfure de carbone, le sulfocarbonate de potassium. Mais un obstacle insurmontable s'opposait à l'emploi des insecticides : les expériences antérieures, faites à une époque où ils n'étaient pas suffisamment connus, où les conditions dans lesquelles ils doivent être employés n'étaient pas bien déterminées, avaient eu des effets négatifs et désastreux; l'insecte avait été tué il est vrai, mais la vigne avait été foudroyée aussi.

» Des études aussi remarquables que suivies démontrèrent de la façon la plus évidente qu'il pouvait en être autrement, que l'on pouvait détruire l'insecte sans occasionner aucun dommage à la vigne.

» Vous avez été si convaincu que c'était le vrai moyen, que, dans le cas où la résistance était plus grande encore, vous n'avez pas hésité à conseiller les traitements administratifs exécutés entièrement aux frais de l'État, et qui coûtaient 400fr par hectare.

» Si, par son initiative, par son aide, nos vignes sont sauvées, le vin que nous produisons remplira les caisses du Trésor et deviendra une des ressources les plus précieuses du budget. Tout d'abord cet encouragement qu'il nous accorde est immédiatement rendu par le fait seul de l'exécution du traitement insecticide. Cette somme ne fait que passer de nos mains dans celles de l'ouvrier agricole, et, si nous suivons le vin depuis sa production jusqu'au consommateur, nous arrivons à des chiffres vraiment merveilleux et surtout vrais. Les considérations suivantes pourront en donner un aperçu.

» Admettons une production de 80^{hlit} à l'hectare.

	1^{hlit} de vin paye		
	au Trésor.	aux communes.	à divers.
Droit fixe, $1^{fr},00$ / Taxe unique, $3^{fr},90$ } $4^{fr},90$.............	392^{fr}	»	»
Droit d'octroi à l'entrée des villes, 2^{fr}......	»	160^{fr}	
Chemin de fer, $0^{fr},01$ par kilomètre parcouru, distance moyenne parcourue, 350^{km}, $3^{fr},50$.	»	»	280^{fr}
Frais de main-d'œuvre du traitement, 80^{fr} par hectare.............................	»	»	80
	392^{fr}	160^{fr}	360^{fr}

» Ensemble 912^{fr} par hectare, et pour le syndicat de l'arrondissement de Béziers, qui comprend 5765 hectares, la somme de 5257680^{fr}.

» Si nos vignes périssaient, qu'est-ce qui remplacerait ces 5 millions? qu'est-ce qui remplacerait ceux que donneront les départements de l'Aude, des Pyrénées-Orientales, qui suivent avec anxiété ce qui se passe chez nous pour, au premier signal, utiliser notre expérience?

» Et si l'on veut considérer un peu le mouvement de capitaux amené par tout ce qui se rattache aux industries diverses dépendant de la vigne et de son produit, on reste étonné des désastres que peut amener sa destruction.

» La classe si intéressante, si laborieuse des ouvriers agricoles y perd non seulement son aisance, mais son gagne-pain. La culture de 1 hectare en champ peut être évaluée à 300^{fr}; celle de 1 hectare en vigne, indépendamment du traitement insecticide, coûte 800^{fr} : différence, 500^{fr}, soit pour notre syndicat, 2882500^{fr}. Que de vides, que de misères amènerait cet état de choses! »

Nouvelles recherches sur l'œuf d'hiver du Phylloxera; sa découverte à Montpellier;

Par M. Valéry MAYET.

« Ma dernière Note à l'Académie (séance du 2 novembre 1880) annonçait que l'œuf d'hiver du *Phylloxera vastatrix,* non encore trouvé en Languedoc, avait été obtenu par moi en plusieurs exemplaires dans mon laboratoire de l'École d'Agriculture de Montpellier.

» C'était un pas en avant; mais une observation faite en plein air manquait encore pour qu'on pût affirmer : 1° que la ponte de l'œuf fécondé se produit normalement dans notre région; 2° que son éclosion n'a pas lieu avant l'hiver. Cette dernière hypothèse, soutenue par plusieurs naturalistes éminents, me semble devoir être complètement abandonnée.

» L'œuf d'hiver se comporte ici absolument comme dans l'Ouest; les conditions dans lesquelles il se produit sont seulement plus rares. Je viens de le découvrir à Montpellier, en nombre tel, que je puis en avoir autant et plus qu'il ne m'en faut pour mes observations. Il y a très peu de points où il puisse se trouver; mais, là où il se rencontre, il est aussi abondant que dans les vignes de M. Boiteau, de Libourne, endroit classique pour sa recherche. Un seul bout de sarment m'en a fourni sept exemplaires.

» Depuis quatre ans, j'étudie cette question. Pourquoi n'avais-je pas abouti? C'est que j'opérais comme les autres observateurs de Montpellier, comme MM. Planchon, Lichtenstein, Marès, etc., comme M. Boiteau, de Libourne, lui-même, qui a vainement cherché l'œuf d'hiver à Montpellier. Je persistais à porter mes investigations dans les vignes américaines ou européennes, sur lesquelles le plus grand nombre d'ailés avaient été vus l'été précédent. Je cherchais sur de jeunes vignes, sous les écorces du bois de deux ans, et, malgré l'abondance des ailés, toujours relative, il est vrai, dans ce pays-ci, je n'aboutissais à rien.

» Ce qui est peut-être vrai pour l'Ouest ne l'est pas pour notre région.

» Mes recherches antérieures sur les causes de l'extrême rareté des galles en Languedoc (*Comptes rendus,* séances des 24 novembre 1879 et 2 novembre 1880) m'avaient permis de conclure que toujours le gallicole provient de l'œuf d'hiver, et que le peu de fréquence des galles prouve la rareté de cet œuf d'hiver. J'ai donc été amené à penser que, dans une vigne où chaque année, sur le même point, on constate l'existence des galles sur les feuilles, il doit y avoir un lieu d'élection et qu'on devra y trouver à coup sûr, tous les hivers, des œufs fécondés sous les écorces.

» Le difficile était de trouver cet endroit propice aux recherches. Tous les propriétaires consultés disaient que les galles se montraient tantôt sur un point, tantôt sur un autre de leur vignoble, et toujours sur les plants américains de l'espèce *Riparia*.

» Cette année-ci, enfin, M. J. Pagezy m'ayant dit que, dans son domaine de Vivier, près de Montpellier, une vigne de Clinton, plantée il y a quatre ans, présentait chaque année des galles sur le même point, c'est là que, le 16 mars dernier, je dirigeai mes recherches.

» Le premier bois de deux ans, examiné à la loupe, me donna une dépouille de femelle sexuée et un œuf d'hiver à côté. Je fis immédiatement couper une centaine de morceaux de bois de deux et de trois ans, et actuellement, après trois séances seulement, j'ai obtenu plus de cinquante œufs fécondés.

» Le bois de deux ans est celui qui en donne le plus ; mais celui de trois ans en donne également. Une dizaine ont été trouvés sous les écorces les plus adhérentes de ce dernier. L'œuf, fixé au bois par son pédicule, est placé entre deux fibres saillantes. Il est facile à reconnaître, à sa forme allongée et surtout au point rouge brun dont le pôle antérieur est muni.

» Je puis donc formuler comme suit les précautions nécessaires pour trouver sûrement l'œuf d'hiver en Languedoc :

» 1° Chercher sur de jeunes vignes américaines, appartenant à l'espèce *Riparia* (ancien *Cordifolia* des viticulteurs), et n'opérer ces recherches que là où chaque année des galles sont observées sur les feuilles.

» 2° Ne soulever que les écorces du bois de deux ans ou de trois ans, celle du premier de préférence.

» Le côté pratique de cette observation sera de circonscrire considérablement les points sur lesquels la destruction des œufs d'hiver pourra être tentée. »

Sur des pucerons attaqués par un champignon ;

PAR MM. MAX. CORNU ET CH. BRONGNIART.

« Nous avons étudié les pucerons couverts d'une production cryptogamique que M. Lichtenstein avait adressés à M. Dumas pour nous être remis. Ces pucerons appartiennent au cycle de développement du *Tetraneura rubra*, espèce décrite l'année dernière par M. Lichtenstein et qui détermine les galles rouges de l'orme. Ces insectes, dépourvus de suçoirs, correspondent, chez le Phylloxera, à la génération sexuée issue de l'individu ailé. M. Lichtenstein, qui les a découverts, fait remarquer, dans la Lettre qui accompagne son envoi, que cet insecte a les plus grands rapports avec les Phylloxériens. Il appelle l'attention sur le parasite qui s'est montré sur ces insectes.

» Le champignon est d'une couleur foncée ; il est filamenteux, cloisonné et parait pouvoir être rangé avec certitude dans l'ancien genre *Cladosporum*. Le *mycélium* est assez pâle, ramifié ; il occupe l'intérieur du corps de l'insecte. Les *filaments sporifères* sont extérieurs, très foncés, irrégulièrement contournés et à membranes très épaisses ; ils sont disposés par bouquets. Les *spores* qui subsistent ne sont qu'en petit nombre ; elles sont de tailles assez inégales, simples, biloculaires ou pluriloculaires ; leur forme est ovalaire, plus ou moins régulière, allongée ; les cloisons sont, en général, toutes parallèles. Sur un œuf de ces insectes, nous avons observé une *pycnide* écrasée, qui n'est autre chose que la forme décrite autrefois sous le nom de *Sphæria mucosa*.

» Les *Cladosporium* sont des *Ascomycètes* dont plusieurs, mais non tous, ont été réunis par Rabenhorst sous le nom générique de *Pleospora*. Quelques-uns d'entre eux sont parasites sur des plantes vivantes, sur des clavaires (*Pleospora Clavariarum*), sur le trèfle et la vigne (*Polytrincium Tri-*

folii et *Cladosporium viticolum*); mais le plus grand nombre vit sur les débris organiques en décomposition. On n'en connaît point qui soient parasites sur des animaux vivants. L'espèce la plus commune est le *Pleospora herbarum*, qui, pendant l'hiver, envahit les feuilles tombées à terre. C'est probablement ce *Pleospora* qui s'est développé sur les pucerons de M. Lichtenstein. Ils semblent n'avoir été envahis qu'après leur mort.

» Il n'est pas sans intérêt de rechercher par voie directe si les cadavres des pucerons fourniraient des matières nutritives suffisantes pour le développement de cette espèce ou d'espèces analogues. S'il en était ainsi, la question spécifique perdrait ici beaucoup de son importance.

» Pour le rechercher, nous avons choisi des espèces fort communes, que nous avons semées comparativement dans de l'eau ordinaire et dans de l'eau où avaient été placés des pucerons sacrifiés. Ces espèces étaient les suivantes : *Pleospora herbarum, Penicillium glaucum, Polyactis cinerea, Tricothecium roseum, Mucor bifidus,* etc.

» Dans tous ces cas, le résultat fut presque identique. Dans l'eau ordinaire, la germination fut incomplète, très lente ou nulle ; dans l'eau rendue nutritive par la présence des pucerons, le développement fut, en général, rapide et vigoureux, terminé par la production de nombreuses spores.

» On sait que ces champignons si répandus ne peuvent se développer sur ces insectes pendant leur vie.

» Parmi les germes qui couvrent l'homme et les animaux, il y a, de même, un grand nombre de *Bactériens* qui attendent pour se développer que l'organisme, frappé de mort, ne leur dispute plus les éléments nutritifs de sa propre substance.

» Ces *Bactéries,* quelque semblables qu'elles soient aux espèces infectieuses, peuvent en être souvent distinguées par un examen attentif et surtout par l'expérience.

» Des faits absolument du même ordre se rencontrent dans le groupe des *Pleospora,* dont les uns sont parasites sur des plantes vivantes rigoureusement déterminées, tandis que d'autres, très semblables en apparence aux premiers, ne peuvent envahir que des végétaux morts.

» C'est sur des pucerons morts que le *Pleospora* de M. Lichtenstein a pu se développer.

» On voit donc que le rôle des champignons qui exercent leur destruction sur une immense échelle vis-à-vis des débris végétaux n'est peut-être pas négligeable vis-à-vis des animaux de petite taille ; ce rôle étant dévolu, chez les grands animaux, aux Algues du groupe des Bactériacées.

» La conclusion définitive sur le parasite observé par M. Lichtenstein, c'est que ce parasite ne paraît pas devoir exercer une influence notable sur la multiplication du Phylloxera.

» Un champignon fort analogue, sinon identique, avait été rencontré par l'un de nous sur le Phylloxera lui-même et figuré (1) ; il n'a pas déterminé d'effets appréciables sur son extension dans les vignobles. »

(1) *Comptes rendus*, t. LXXV, p. 723.

Résultats obtenus, dans les vignes phylloxérées, par un traitement mixte au sulfure de carbone et au sulfocarbonate de potasse;

Par M. LAUGIER.

Extrait d'une Lettre adressée à M. Dumas.

« J'ai le plaisir de vous annoncer que les excellents résultats obtenus par le traitement mixte au sulfure de carbone et au surfocarbonate de potasse, que j'avais institué en juillet-août 1880, et constatés par M. le Délégué régional, ont été confirmés par les recherches effectuées en mars 1881, sous ma direction.

» A Gilette, notamment dans la propriété phylloxérée de M. Bruny, juge de paix (unique tache phylloxérique de l'arrondissement de Puget-Théniers), il n'a pas été possible de retrouver un seul Phylloxera sur les racines. D'autre part, le fermier de M. Bruny, qui, comme tous les fermiers voisins, était fort sceptique en juillet dernier, a dû constater, *à son grand étonnement*, la présence de très nombreuses et très vigoureuses radicelles nouvelles, mesurant en moyenne plus de $0^{m},30$ de longueur. Je dois ajouter que ces radicelles étaient complètement exemptes de *nodosités*.

» Par mesure de précaution, un traitement de deuxième année, par le sulfure de carbone et le sulfocarbonate, a été exécuté. Comme l'an dernier, j'ai fait appliquer le sulfocarbonate dilué dans 3^{lit} d'eau, pour réduire au minimum les frais de transport de l'eau au pied du cep. On arrosait la partie aérienne du cep, les jeunes bois de un et deux ans exceptés, pour ménager les bourgeons; on atteint ainsi, autant que possible, *les œufs d'hiver*, s'il s'en trouve, et les *hibernants* logés entre l'épaisseur des écorces, dans la partie souterraine du cep. Voilà, suivant moi, un des moyens les plus efficaces de neutraliser une réinvasion, et je pense que vous approuverez cette opinion. Vous savez, par les expériences de M. Marès et de M. Mouillefert, combien il est difficile, même en hiver et avec de grandes quantités d'eau dont le transport est très coûteux, d'atteindre de grandes profondeurs avec le sulfocarbonate seul, et d'obtenir un résultat insecticide satisfaisant, tandis que les vapeurs du sulfure de carbone, injectées dans le sol à la dose de 32^{gr} à 40^{gr} par mètre carré, arrivent aisément en quantité suffisante à plus de 2^{m} de profondeur, ainsi que j'ai pu le constater. En été, 2^{lit} à 3^{lit} d'eau (avec 10^{gr} à 15^{gr} de KS, CS^2) par cep, assurent le résultat du traitement par le CS^2, en obturant les crevasses du sol autour du cep et en maintenant les vapeurs de sulfure, qui tendraient, sans cela, à s'échapper trop rapidement pour agir sur les insectes protégés par les écorces.

» Je dois ajouter que, d'après ce que j'ai pu voir à Gilette, le sulfure de potassium paraît agir dans un sens favorable sur le *mycélium* du *blanc de la vigne* (ou *pourridié*). Ce mycélium est assez fréquent dans le département et se rencontre souvent sur les vignes phylloxérées, dont il paraît accélérer la décrépitude.

» Dans les quelques essais que j'ai pu faire, près de Nice, avec le traitement mixte au sulfure et au sulfocarbonate, en employant, pour diluer ce dernier, du *sewage*, la formation du nouveau *chevelu* a été encore plus marquée. Les phosphates et les sels ammoniacaux, dont ce *sewage*, liquide résidu de la fabrication du sulfate d'ammoniaque avec les eaux de vidange de l'usine de Nice, contient une proportion notable, paraissent avoir secondé énergiquement l'action fertilisante de la potasse du sulfocarbonate. Ce *sewage* est à très bon marché (2^{fr} le mètre cube) et revient, en général, moins cher que l'eau, car la plupart des fermiers consentent à le transporter eux-mêmes à titre d'engrais supplémentaire.

» Ainsi que je vous l'avais écrit, je développe le plus possible, cette année, ce mode de traitement mixte, conformément au programme approuvé par M. le Ministre. »

Sur l'œuf d'hiver du Phylloxera ;

PAR M. VALÉRY MAYET.

« Voici le résumé de mes études dans la première quinzaine d'avril :

» J'ai rayonné autour de Montpellier, et j'ai été jusqu'à Béziers et Narbonne, dans le but de réunir le plus possible de documents concernant la permanence des galles de Phylloxera sur les feuilles, dans les mêmes quartiers.

» Plus de cent œufs d'hiver ont été observés par moi dans la localité où je les ai découverts à Montpellier. J'y suis allé avec M. Lichtenstein, qui vous a écrit pour vous rendre compte de ses propres recherches.

» De nombreuses éclosions de ces œufs ont été observées, et voici, par ordre de dates, le nombre de celles que j'ai obtenues dans mon laboratoire : le 5 avril, une; le 6, trois ; le 7, une ; le 8, quatre ; le 9, six ; le 10, trois; le 11, deux ; le 13, trois ; le 14, cinq ; le 15, deux ; le 16 enfin, quatre ; total, trente-quatre. Une vingtaine de ces œufs non éclos restent en observation ; le reste s'est desséché ou a été préparé pour le microscope. De plus, tout porte à croire que j'ai encore de nombreux spécimens non éclos dans les deux ou trois cents bouts de sarments que j'ai coupés au vignoble sans avoir eu le temps de les examiner. Ces recherches à la loupe sont longues et minutieuses.

» Je puis donc dire que l'éclosion de l'œuf fécondé se fait ici pendant tout le mois d'avril, et même dès la fin de mars, comme je le prouverai plus loin.

» Plusieurs de mes Phylloxeras issus de l'œuf d'hiver ont été mis sur des feuilles de clinton dès le 10 avril, et, à l'heure qu'il est, ils sont enfermés dans une petite galle. J'ai fait une observation plus importante : j'ai trouvé le 13 de ce mois, dans le domaine de Verchant, près Montpellier, appartenant à M. Leenhardt, un groupe d'une dizaine de riparias (type sauvage) déjà couverts d'une multitude de galles, et dans ces galles des aptères adultes en train de pondre. Comme il faut au moins quinze jours avant qu'un Phylloxera puisse pondre, ceux-ci sont donc nés de l'œuf d'hiver vers le 25 mars.

» J'ai recueilli sur ces riparias de M. Leenhardt plusieurs morceaux de bois de deux ans et j'ai eu la satisfaction de trouver sous l'écorce de l'un d'eux une dépouille de femelle sexuée. Là encore les galles proviennent donc bien d'œufs d'hiver déposés sous les écorces l'automne dernier. Plus je vais, plus je vois que je suis dans la bonne voie pour mes recherches.

» Ma conviction est à peu près faite pour ce pays-ci; mais il faut que j'arrive à déterminer dans l'Ouest le lieu de ponte des sexués et que je voie par moi-même si parfois les œufs d'hiver se trouvent sur des plants français *qui n'ont pas eu de galles*, comme on l'a affirmé à M. Lichtenstein dans le Médoc. C'est donc là que j'opérerai, ainsi qu'à Libourne et à Cognac. Je compte faire de nombreux voyages cette année dans ces parages, car, les endroits de ponte étant bien déterminés, la destruction de l'œuf d'hiver serait assurée.

» Un traitement insecticide imposé aux propriétaires contribuerait considérablement à enrayer le fléau. »

Note sur les sulfocarbonates alcalins, et en particulier sur le sulfocarbonate de potassium;

PAR M. CAMILLE VINCENT,
Professeur à l'École Centrale.

« Après plusieurs années d'emploi des sulfocarbonates pour la destruction du Phylloxera, les résultats obtenus ayant démontré l'efficacité de ces produits et leur innocuité pour la vigne, j'ai pensé qu'il était intéressant de résumer succinctement les divers procédés mis en œuvre pour leur préparation industrielle, ainsi que les moyens qui permettent d'apprécier leur teneur en sulfure de carbone, et par suite leur valeur comme insecticides.

» Le sulfocarbonate de potassium, que M. Dumas a indiqué plus spécialement comme propre à la fois à fournir un insecticide certain contre le Phylloxera (le sulfure de carbone) et un engrais pour la vigne (la potasse), était préparé autrefois, dans les laboratoires, en traitant une dissolution alcoolique de monosulfure de potassium par le sulfure de carbone. M. Dumas fit voir qu'en chauffant vers 50°, en vase clos, une dissolution aqueuse de monosulfure de potassium avec du sulfure de carbone, la réaction s'effectuait peu à peu jusqu'à complète transformation du sulfure alcalin en sulfocarbonate. C'est ce procédé qui est employé depuis lors pour la préparation industrielle des sulfocarbonates alcalins.

» Cette fabrication se divise, comme on le voit d'après ce qui précède, en deux périodes distinctes : 1° la préparation du monosulfure alcalin; 2° le traitement de ce produit par le sulfure de carbone.

» La première de ces opérations est la seule qui présente des difficultés sérieuses, et c'est à elle qu'il convient de faire remonter la mauvaise qualité de certains produits industriels, qui ont été employés faute d'autres, et qui ont donné des résultats soit nuls, soit même funestes à la vigne, dans quelques rares circonstances heureusement.

» La préparation du monosulfure de potassium a été faite d'abord par la saturation directe d'une dissolution de potasse caustique par l'hydrogène sulfuré, ce qui donne du sulfhydrate de sulfure de potassium, que l'on transforme en monosulfure par addition d'une quantité de potasse caustique égale à celle traitée. Ce procédé donne un produit d'une très grande pureté, mais il est coûteux, en raison de l'hydrogène sulfuré qu'il nécessite en abondance; il se prête difficilement d'ailleurs à une grande fabrication.

» Le second procédé de préparation du monosulfure de potassium consiste à réduire le sulfate de potasse par le charbon. Cette opération présente de grandes difficultés pratiques et ne donne jamais du sulfure pur. On opère à une température élevée, qui détermine la fusion du sulfure alcalin; ce produit attaque alors énergiquement les matériaux qui forment les parois des appareils et se trouve ainsi souillé. En outre, à haute température, les sulfures alcalins s'altèrent avec rapidité en présence de l'air, en donnant des polysulfures et des sulfates.

» On doit procéder avec des précautions spéciales pour défourner les produits et ensuite pour les lessiver. Lorsqu'ils sont compactes, l'oxydation est moins rapide; quand ils sont en masses poreuses, elle est très énergique. A des températures plus basses, l'air humide donne naissance à des polysulfures et à de l'hyposulfite qui ne servent en rien à la fabrication du sulfocarbonate de potassium.

» Le troisième procédé suivi pour fabriquer le monosulfure de potassium est le procédé barytique, que j'ai fait connaître il y a quatre ans, et qui consiste à réduire le sulfate de baryte naturel par le charbon en vases clos, ce qui donne le monosulfure de baryum infusible. On traite, après son refroidissement à l'abri de l'air, ce sulfure pulvérulent par une dissolution bouillante et saturée de sulfate de potasse. Par double décomposition, on obtient une dissolution de monosulfure de potassium très pur et du sulfate de baryte qu'on sépare par filtration sous pression.

» On peut fabriquer ainsi avec facilité de grandes quantités de monosulfure de potassium, avec lequel on peut préparer du sulfocarbonate de potassium dans un très grand état de pureté.

» La transformation des dissolutions de sulfure de potassium en sulfocarbonate est facile. On concentre d'abord ces dissolutions, de façon à les amener à une teneur en monosulfure telle qu'elles puissent absorber au moins 15 pour 100 de sulfure de carbone; elles sont ensuite abandonnées au refroidissement dans un vase fermé, puis traitées par le sulfure de carbone en excès.

» La densité d'une dissolution de sulfocarbonate de potassium est d'autant plus faible, pour une même richesse en sulfure de carbone, que le monosulfure de potassium employé à sa préparation était plus pur; on commettrait une erreur grave, toutefois, en se basant sur la densité des dissolutions de sulfocarbonate pour se rendre compte, même approximativement, de leur richesse.

» Le traitement de la dissolution concentrée de monosufure alcalin par le sulfure de carbone s'effectue facilement de la façon suivante. On l'introduit dans un vase clos, en fonte ou en tôle, muni d'un agitateur mécanique, et disposé dans un bain-marie; puis on y ajoute un excès de sulfure de carbone, et l'on ferme l'appareil. L'agitateur est alors mis en mouvement, de façon à émulsionner le sulfure de carbone dans la lessive de monosulfure alcalin; puis on élève peu à peu la température du bain-marie au moyen d'un jet de vapeur. La combinaison s'effectue progressivement, lorsque la température est convenable, avec un dégagement considérable de chaleur. On modère facilement l'opération au moyen de l'eau du bain-marie dont on peut au besoin abaisser la température.

» L'appareil est muni, à sa partie supérieure, d'un tube en relation avec un serpentin fortement refroidi, destiné à condenser les vapeurs de sulfure de carbone dégagées par suite d'une trop forte élévation de température pendant la réaction, ainsi que celles provenant de l'excès de ce produit ajouté à dessein et que l'on fait distiller à la fin de l'opération. Lorsque la saturation est terminée, on arrête l'agitateur, puis on soutire le liquide, qui est abandonné au repos; il laisse ainsi déposer une petite quantité de sulfure de fer provenant de l'attaque des appareils par le sulfure alcalin, et qui se précipite lors de la transformation du sulfure en sulfocarbonate. La liqueur présente alors une belle couleur rouge orangé clair; elle est prête à être expédiée.

» La dissolution de sulfocarbonate de potassium à 15 pour 100 de richesse en sulfure de carbone renferme théoriquement 63, 2 d'eau et 21,8 de monosulfure de potassium; on y rencontre en outre des chlorures, sulfates, polysulfures et hyposulfites en proportion variable suivant la pureté du monosulfure alcalin employé.

» Lorsque les sulfocarbonates sont riches en polysulfures, ce qui résulte d'une fabrication défectueuse, ils ont une teinte brune plus ou moins foncée; ils doivent alors avoir une densité considérable pour atteindre la teneur de 15 pour 100 en sulfure de carbone, que réclame la viticulture.

» Il y a le plus grand intérêt pour le viticulteur à connaître exactement la teneur en sulfure de carbone du produit qu'il emploie. Les indications du densimètre ne peuvent être utiles que dans le cas d'un produit très bien fabriqué; dans la plupart des cas, il faut recourir à un titrage précis du sulfure de carbone contenu dans le sulfocarbonate. Le procédé le plus rapide et le plus simple pour ce titrage est celui de MM. Delachanal et Mermet, qui consiste, après avoir chassé le sulfure de carbone de sa combinaison, à le recueillir dans une dissolution alcoolique de potasse, et à évaluer la quantité dissoute ainsi, à l'état de xanthate de potasse, à l'aide d'une liqueur titrée d'iode. Nous pensons utile de rappeler ici sommairement ce procédé.

» Dans une fiole à fond plat de 150^{cc} de capacité on introduit 1^{gr} de sulfocarbonate à titrer; on ajoute un excès de solution de sulfate de cuivre, puis on ferme avec un bouchon dans lequel passe un tube deux fois coudé, à angle droit et effilé à son extrémité. On fait rendre l'extrémité effilée au fond d'une éprouvette étroite contenant la solution alcoolique de potasse, puis on fait bouillir pendant quelques minutes; le sulfure de carbone étant dégagé, on enlève rapidement l'appareil pour éviter l'absorption. On verse le xanthate de potasse et les eaux de lavage dans un grand verre à pied, et l'on y ajoute un petit excès d'acide acétique, puis de l'eau d'amidon; avec une burette graduée on détermine le nombre n de centimètres cubes de liqueur titrée d'iode nécessaire pour obtenir la teinte bleue d'iodure d'amidon, ce qui permet de connaître facilement la quantité de sulfure de carbone renfermée dans 1gr de sulfocarbonate.

Teneur en sulfure de carbone des dissolutions de sulfocarbonate de potassium de diverses densités.

DEGRÉS de Baumé.	DENSITÉS.	SULFOCARBONATE pour 100.	SULFURE de carbone pour 100.	DEGRÉS de Baumé.	DENSITÉS.	SULFOCARBONATE pour 100.	SULFURE de carbone pour 100.
1.....	1,007	1,1	0,45	28....	1,240	32,3	13,80
2.....	1,014	2,1	0,86	29....	1,251	33,6	13,71
3.....	1,022	3,1	1,27	30....	1,262	35,0	14,28
.....	1,029	4,2	1,71	31....	1,273	36,5	14,89
5.....	1,036	5,2	2,12	32....	1,284	37,8	15,42
6.....	1,044	6,3	2,57	33....	1,296	39,2	15,99
7.....	1,052	7,4	3,02	34....	1,308	40,7	16,60
8.....	1,060	8,4	3,43	35....	1,320	42,0	17,13
9.....	1,067	9,6	3,92	36....	1,332	43,5	17,70
10.....	1,075	10,7	4,37	37....	1,345	44,8	18,28
11.....	1,083	11,7	4,77	38....	1,357	46,2	18,85
12.....	1,091	12,8	5,22	39....	1,370	47,5	19,38
13.....	1,100	13,9	5,67	40....	1,383	48,9	19,95
14.....	1,108	15,0	6,12	41....	1,397	50,4	20,56
15.....	1,116	16,1	6,57	42....	1,410	51,8	21,13
16.....	1,125	17,3	7,06	43....	1,424	53,3	21,75
17.....	1,134	18,5	7,55	44....	1,438	54,9	22,40
18.....	1,143	19,6	8,00	45....	1,453	56,4	23,01
19.....	1,152	20,8	8,49	46....	1,468	57,8	23,58
20.....	1,161	22,0	8,98	47....	1,483	59,4	24,23
21.....	1,171	23,2	9,47	48....	1,498	60,8	24,80
22.....	1,180	24,4	9,96	49....	1,514	62,3	25,42
23.....	1,190	25,8	10,53	50....	1,530	63,7	25,99
24.....	1,199	27,1	11,06	51....	1,546	65,1	23,56
25.....	1,209	28,5	11,63	52....	1,563	66,5	27,13
26.....	1,219	29,8	12,16	53....	1,580	68,0	27,74
27.....	1,229	31,1	12,69				

» Le titrage de la liqueur d'iode s'effectue de la façon suivante. Dans un tube, on introduit une solution alcoolique de potasse, on ferme et on tare; puis on ajoute quelques gouttes de sulfure de carbone, et l'on pèse à nouveau : l'augmentation de poids représente la quantité de sulfure de carbone. Dans un verre à pied on verse le liquide et les eaux de lavage, puis un léger excès d'acide tartrique et de l'amidon.

A l'aide de la burette graduée on détermine le nombre N de centimètres cubes nécessaires pour la production de la teinte bleue. On voit que 1^{cc} de la liqueur d'iode correspond à un poids de sulfure de carbone représenté par $\frac{P}{N} = Z$.

» Dans l'expérience précédente, il suffit donc, pour connaître la richesse en sulfure de carbone du sulfocarbonate essayé, de multiplier par Z le nombre de centimètres cubes de liqueur versée.

» Le Tableau ci-contre, indiquant la richesse des solutions de sulfocarbonate de potassium pur d'après leur degré aréométrique et leur densité, peut, mais pour les produits bien fabriqués *seuls*, donner une idée approximative de leur richesse en sulfure de carbone. On peut avoir intérêt à le consulter.

» Le procédé d'analyse indiqué plus haut est applicable à tous les sulfocarbonates. Il suffira de le mettre en usage pour ramener à leur juste valeur des produits dont la densité et la coloration peuvent faire illusion aux consommateurs. Ceux-ci ne peuvent oublier que ce qui fait le prix et ce qui détermine l'utilité des sulfocarbonates, c'est le sulfure de carbone.

» En vue de diminuer le prix des traitements des vignes phylloxérées, on a fabriqué, à une certaine époque, du sulfocarbonate de sodium, dont l'action est la même comme insecticide. La fabrication du sulfure de sodium ne présente aucune des difficultés que nous avons signalées plus haut comme spéciales à la conversion du sulfate de potasse en sulfure. L'action réductrice du charbon s'opère d'une façon très nette. Les pertes par volatilisation sont nulles. Le prix de ce produit est moindre, à cause de la différence entre le prix des sulfates de potassium et de sodium, et en outre par suite de la différence de leurs équivalents. Mais le sulfocarbonate de sodium n'a d'effet utile que comme insecticide, puisqu'il n'apporte pas l'engrais pour la vigne (la potasse). Le prix du sulfure de carbone qu'il contient se trouve ainsi plus élevé.

» Le prix du sulfure de carbone est moindre dans le sulfocarbonate de potassium que dans les autres, la potasse ayant comme engrais une valeur qui diminue le prix du produit toxique.

» D'ailleurs, si l'on remarque que les matières nécessaires à la fabrication de 100^{kg} de sulfocarbonate de potassium à 15 pour 100 de sulfure ne représentent guère actuellement que 25^{fr}, on peut affirmer que, quand cette industrie aura pu se développer et diminuer ses frais de fabrication, le prix du sulfocarbonate, qui est aujourd'hui de 45^{fr} les 100^{kg}, pourra être notablement abaissé. La viticulture, trouvant alors dans ce produit le sulfure de carbone sous la forme la plus convenable pour le traitement des vignes phylloxérées et à un prix relativement peu élevé, pourra combattre économiquement et énergiquement l'ennemi de nos vignobles.

Recherches sur les causes qui permettent à la vigne de résister aux attaques du Phylloxera dans les sols sableux;

PAR M. SAINT-ANDRÉ.

« Les diverses hypothèses faites dans le but d'expliquer les causes de la résistance des vignes dans quelques terrains, et particulièrement dans les sols sableux, n'ont pas été confirmées par les recherches que nous avons entreprises à la station agronomique de Montpellier.

» La mobilité des sables, l'absence de crevasses dans les sols sableux, l'acuité des particules, la finesse de celles-ci, ne sont en aucune façon les causes de la résistance des vignes; la pauvreté des terres en chaux, la grande proportion de silice qu'elles renferment, leur richesse colossale en acide phosphorique ou en chlorure de sodium, ne sont pas davantage les raisons de l'immunité dont jouissent les vignes dans les terrains sableux. En effet, on rencontre de magnifiques vignobles dans les terres graveleuses, immobiles, où il n'y a aucun obstacle au cheminement souterrain du Phylloxera; d'autre part, on trouve des vignes résistantes dans des sables dont aucun grain n'est anguleux, où toutes les particules ont les arêtes arrondies, et, dans l'immense majorité des cas, la petitesse des particules sableuses n'atteint pas la ténuité des particules argileuses.

» L'expérience démontre que la plupart des sols sableux favorables à la culture actuelle de la vigne contiennent plus de 12 pour 100 de chaux, et renferment parfois une moindre quantité de silice que certaines terres dans lesquelles la vigne succombe par le Phylloxera; l'une de celles-ci contenait 82 pour 100 de silice, tandis que les sables du littoral de la Méditerranée en ont rarement plus de 75 pour 100. Ceux-ci renferment une quantité d'acide phosphorique inférieure à celle contenue dans de nombreuses terres où les vignobles ont depuis longtemps disparu.

» C'est à tort que l'on fait jouer dans cette question un rôle important au chlorure de sodium; les recherches faites dans notre laboratoire par M. A. Pavlowsky ont montré que les sables dans lesquels la vigne possède au plus haut degré l'immunité sont fort pauvres en sel marin (au moins jusqu'à 1^m de profondeur); quelques-uns ne renferment que des traces de cette substance, qui est toujours en quantité appréciable dans les terres occupées autrefois par les vignes.

» La présence d'un courant d'eau souterrain, noyant constamment le système radiculaire, est également inadmissible; la détermination de la quantité d'eau contenue dans les sols sableux, à différentes profondeurs et à diverses époques, montre que ces terrains sont, pour la plupart, très pauvres en eau; l'humidité qu'ils contiennent est notablement inférieure à celle qui se trouve, à la même époque, dans d'autres sols où la présence du Phylloxera rend la culture de la vigne impossible.

» Toutefois, l'étude des circonstances qui agissent sur la circulation de l'eau dans le sol apprend qu'en présence du Phylloxera les mouvements de l'eau dans la terre jouent un rôle de premier ordre; on constate qu'il existe un rapport intime entre la capacité capillaire d'un sol pour l'eau, c'est-à-dire la quantité d'eau que ce sol peut retenir physiquement quand il est saturé par ce liquide, et la résistance des vignes au Phylloxera. Dans les terres qui possèdent la plus faible capacité capillaire, la vigne est absolument indemne; dès que cette faculté s'accroît, la végétation est moins luxuriante, la vigne souffre de la présence du terrible puceron; cette plante succombe rapidement sous les atteintes de celui-ci, lorsque la quantité d'eau retenue par le sol dépasse une certaine limite oscillant autour de 40 pour 100.

» Nos observations ont porté sur 165 terres, dont 100 provenant de vignobles détruits des départements de l'Hérault, du Gard et de Vaucluse, et 65 prélevées, les unes dans les remarquables plantations de vignes faites sur les cordons littoraux des environs d'Aigues-mortes et de Palavas-les-Flots, les autres dans les alluvions sablonneuses de la Durance, les plaines du département des Landes et les dunes de l'Océan. La culture de la vigne dans les terrains sableux présente des garanties d'immunité absolue, quelques vignobles du littoral méditerranéen sont presque séculaires; l'un des sables de l'Océan est cultivé en vigne depuis soixante ans. Ces plantes n'ont pas été attaquées par le Phylloxera, dont les ravages se sont exercés sur tous les vignobles voisins; le puceron a complètement disparu des plants de vignes phylloxérés qui ont été transplantés dans les sables d'Aigues-mortes. La capacité capillaire du sol pour l'eau a varié de 23 à 35,8 pour 100 pour tous les sols indemnes; elle s'est élevée de 35,20 à 42,5 pour 100 dans toutes les terres où la végétation de la vigne est languissante; elle a toujours été supérieure à 40 pour 100 dans les terrains ou les vignobles disparaissent rapidement sous les attaques de l'insecte.

» La vigueur des vignes américaines est étroitement liée à la capacité capillaire du sol; en général, elles réussissent encore dans des terres dont la faculté hygroscopique atteint et même dépasse 45 pour 100; mais, comme pour les vignes indigènes, il est impossible pour l'instant de fixer une limite précise, car on constate sous ce rapport une sensible différence suivant les espèces, les variétés et les modes de culture.

» Plusieurs faits paraissent confirmer le rapport inverse observé entre la résistance de la vigne et la capacité capillaire du sol.

» 1° La vigne est morte dans des terres constituées par 70 à 82 pour 100 de silice et dont la capacité capillaire était supérieure à 45 pour 100.

» 2° A l'École d'Agriculture de Montpellier, les vignes ont disparu en premier lieu dans les sols où la capacité capillaire était la plus considérable; elles végètent encore dans les terrains de moindre capacité capillaire;

» 3° En déterminant la capacité capillaire de plusieurs parcelles d'un vignoble, il a été possible de les classer dans un ordre représentant absolument celui dans lequel un même cépage avait successivement disparu de ces différentes parcelles.

» En admettant que la faible capacité capillaire d'une terre soit la cause directe ou indirecte de la résistance des vignes, on peut expliquer la prédisposition des terres argileuses ou marneuses à l'envahissement par le Phylloxera, les bons effets du défoncement dans certains sols, le succès du drainage dans plusieurs circonstances, la végétation remarquable des vignes américaines dans des terres ayant un sous-sol perméable, la réussite de ces plantes dans des sols riches en fer ou en silice; on comprend l'influence nuisible d'un excès d'humidité ou d'une grande richesse en matières organiques, le funeste effet de l'apport de limons fertiles dans des terres sableuses, l'insuccès de la culture de la vigne dans quelques parties basses des cordons littoraux; on conçoit la vigueur conservée par la vigne dans des sols très caillouteux, au bord des chemins où de nombreux graviers se trouvent mélangés à la terre arable, auprès des murs de soutènement de champs plus élevés que le sol voisin; la reprise des vignes dans quelques pièces où l'on a récemment creusé des puits et de grandes tranchées serait fort compréhensible.

» Si les recherches que nous poursuivons sur ce sujet confirment le résultat de nos premières expériences, la pratique obtiendra des renseignements importants par la simple détermination de la capacité capillaire d'un terrain. En effet, il existe en France de grandes surfaces sableuses, caillouteuses, arides, assez bien situées pour permettre la maturité du raisin et où les viticulteurs pourront planter des vignes indigènes, sans craindre les ravages du redoutable parasite. Quelques terrains dont la capacité capillaire est relativement faible pourront, à l'aide de certaines opérations culturales, être suffisamment modifiés pour qu'on puisse y créer des vignobles indemnes de Phylloxera. Des sols actuellement incultes et sans valeur ne tarderont pas à se couvrir de vignes et à prendre rang parmi les terres les plus productives. »

Sur l'œuf d'hiver du Phylloxera;

Par M. LICHTENSTEIN.

« Hier j'ai été à la recherche des œufs d'hiver, pour moi le seul œuf vrai. Je l'ai trouvé, comme l'a déjà dit M. Mayet, en très grande quantité sur le bois de deux ans du Clinton.

» Ce bois de deux ans est le petit bout de sarment que laisse la taille chaque année et qui est enlevé l'année suivante sous forme de crossette adhérente au sarment que l'on taille ras de la souche. En effet, ce n'est plus sur la souche elle-même, mais bien dans les fagots de sarments taillés et destinés à être brûlés (il y a déjà tant de sarments américains que M. Pagezy, après avoir vendu tant qu'il a pu des sarments de Clinton et Taylor à 20^{fr} le mille, en a encore à consommer comme bois à brûler) que j'ai trouvé les œufs d'hiver.

» C'est dire d'avance que les badigeonnages, décorticages ou tout autre remède appliqué au cep, *après la taille,* ne feraient absolument rien à l'œuf, puisqu'il est alors, non plus sur la souche, mais dans les fagots de sarments taillés. D'où l'on peut conclure que, si la bouture simple porte rarement ou peut-être ne porte jamais l'œuf d'hiver, la bouture pourvue de la crossette, si elle provient de Clintons qui ont eu beaucoup de galles phylloxériques, en porte presque toujours, et c'est sous cette forme de bouture *garnie de crossette,* forme réputée par beaucoup de vignerons comme la plus favorable aux plantations, que l'importation du Phylloxera peut se faire le plus facilement.

» Ce matin, j'ai obtenu la première éclosion de l'œuf d'hiver, dont je n'ai pas à décrire le produit, déjà connu depuis plusieurs années.

» Je constate que cette éclosion a lieu ici près d'un mois plus tôt que dans la Gironde, où je n'ai obtenu des éclosions de l'œuf d'hiver que vers la fin d'avril (en 1876). Du reste, je n'entends nullement établir cette date comme certaine, car il faut tenir compte, je crois, de la douceur exceptionnelle de l'hiver. Les jeunes feuilles du Clinton se développent : rien donc de plus naturel que de voir éclore avec elles un insecte destiné à former des galles et ne pouvant les former que sur les plus jeunes feuilles, au moment où elles offrent encore, dans leur bourgeon à peine entr'ouvert, un abri à la *fondatrice*, très délicate et sans défense, qui sera déjà enfermée dans sa galle lorsque la feuille s'étalera.

» Ce procédé de formation de galles paraît être le même dans tout le groupe des *Pemphygiens*, auquel les *Phylloxériens* se rattachent si étroitement (je ne vois de différence que dans les pontes d'*été*, qui sont *ovigemmes* chez les *Phylloxériens* et *vivigemmes* chez les *Pemphigiens*). La galle se forme toujours sur la surface opposée à celle qui est piquée par l'insecte . le puceron de l'ormeau, par exemple, pique la feuille *par-dessous*, et la galle s'élève *sur* la feuille; le Phylloxera pique la feuille *par-dessus*, et la galle se développe *sous* la feuille. »

Migration du Puceron du peuplier (Pemphigus bursarius, *L.*);

Par M. J. LICHTENSTEIN.

« Au mois d'août de l'année passée, j'eus l'honneur d'annoncer à l'Académie que le Puceron des galles ligneuses du peuplier noir [*Pemphigus bursarius* (*partim*) Linné, *sub Aphis*], mis sous cloche, à sa sortie des galles, sur une plante de *Filago germanica*, y avait déposé des petits qui, ayant pris des ailes à leur tour, avaient donné des sexués, en pondant en masse dans des morceaux d'écorce de peuplier mis à leur disposition dans mon cabinet.

» Ces sexués, privés de rostre, s'étaient accouplés et m'avaient fourni de nombreux œufs fécondés. Je dis *nombreux*, parce que les femelles elles-mêmes étaient très nombreuses, car chacune d'elles n'a, comme tous les Pemphigiens dont je connais les sexués, qu'un œuf unique dans son corps.

» L'accouplement est précédé de plusieurs mues, qui me paraissent être au nombre de quatre. Quoique n'ayant point de bouche et ne pouvant pas par conséquent se nourrir, ces petits animaux grossissent, comme une graine mise à tremper. Le mâle meurt le premier, après avoir fécondé plusieurs femelles. Quand cette dernière arrive au moment de pondre, on voit sortir des deux côtés de son corps des filaments blancs fort nombreux qui entourent l'œuf, ainsi englobé dans une enveloppe moelleuse de sécrétion ressemblant à des fils d'araignée. Les organes sécréteurs consistent en deux couronnes de filières placées sur les côtés de l'abdomen, au point occupé par les cornicules chez les Aphidiens vrais.

» Ces œufs, gardés tout l'hiver, ont commencé à éclore dès les premiers jours d'avril; j'ai porté alors les morceaux d'écorce, garnis de ces petits animaux, sur un jeune peuplier planté *ad hoc* dans mon jardin et sur lequel j'avais constaté l'absence de toute galle l'automne passé.

» J'ai fait cette opération dans les premiers jours du mois d'avril, avant mon départ pour le Congrès de l'Association française à Alger.

» A mon retour, je me suis empressé d'aller voir mon petit arbre, et je l'ai trouvé garni de petites galles du *Pemphigus bursarius* (faciles à reconnaître par leur position à la base des jeunes bourgeons), ayant déjà la grosseur d'un petit pois.

» L'épreuve et la contre-épreuve m'ayant ainsi réussi, je crois pouvoir affirmer que le *Pemphigus filaginis* n'est que la forme bourgeonnante et pupifère, c'est-à-dire les troisième et quatrième formes du *Pemphigus bursarius*.

» On pourra peut-être m'objecter que, le peuplier étant en plein air et ne pouvant pas être recouvert d'une cloche de verre, une erreur pourrait être encore possible; cela me paraît difficile. Cependant je prépare déjà des plantes de *Filago* que je tiendrai enfermées et sous cloche jusqu'au mois de juillet, pour faire un élevage en chambre, à l'abri de toute influence extérieure.

» De plus, j'ai envoyé à M. Riley, à Washington, et à M. Monell, au Jardin des plantes de Saint-Louis (Missouri), les mêmes œufs qui m'ont servi ici à faire l'expérience ci-dessus; j'attends des renseignements, et, si je puis provoquer les mêmes galles du peuplier en Amérique, ce sera un argument sans réplique.

» Les théories que j'ai si souvent exposées sur les métamorphoses et les migrations des Pucerons reçoivent ici une nouvelle confirmation, et les observations récentes de MM. Kessler, à Cassel, sur les Pucerons des ormeaux, Löw, à Vienne, sur le Puceron lanigère, Buckton, à Londres, sur les Aphidiens en général, m'encouragent à persévérer dans mes études, car ils reconnaissent tous la justesse de mes indications sur la biologie générale des Pemphigiens. »

Sur le traitement des vignes par le sulfure de carbone;

PAR M. P. BOITEAU.

« Nous voici arrivés au moment où la vigne est en pleine végétation, et par conséquent à l'époque où il est permis d'apprécier comparativement les résultats obtenus par les différents moyens de défense contre le Phylloxera. Ceux que nous avons signalés les années précédentes ne font que s'accentuer et le sulfure de carbone continue à montrer sa puissance insecticide. Nos vignobles traités depuis trois ou quatre ans sont de toute beauté et leur végétation est considérée comme normale. Les opérations faites aux mois de juin et de juillet de l'année dernière, sur des vignes arrivées à un état de délabrement complet, ont donné d'excellents résultats. Après ce premier traitement d'été, des radicelles se sont formées en assez grande quantité et leur ont permis de traverser favorablement la période la plus critique de la saison. Un traitement d'hiver, appliqué dans de bonnes conditions, a détruit les insectes qui avaient échappé au traitement d'été ou qui étaient revenus par réinvasion, de sorte que les racines peuvent se développer aujourd'hui sans accidents. Ces vignes ont, à l'heure qu'il est, des bois de près de 1^m, alors qu'au mois de juillet, l'année dernière, ils avaient $0^m,10$ ou $0^m,15$.

» Les traitements d'été, appliqués sur des vignobles très malades, ont l'avantage immense d'empêcher les ceps de mourir dans le courant de la campagne et de faire gagner, en trois ou quatre mois, une année de régénération.

» Dans ces conditions, il y a lieu de ne pas balancer et d'appliquer sans crainte un traitement qui, par son opportunité, peut préserver sûrement un vignoble d'une ruine certaine. A cette époque, les accidents sont peu à craindre, mais il est prudent de n'employer que des doses relativement faibles, 12^{gr} ou 15^{gr} par mètre carré, et de choisir le moment où une pluie assez abondante a humecté le sol. Ce n'est pas seulement pendant l'été qu'il faut employer des doses faibles sur les vignes très malades, mais bien à toutes les époques de traitement. C'est pour ne pas avoir suivi ces conseils que quelques propriétaires ont eu des accidents dans le courant de la campagne qui vient de s'écouler. Dans les mêmes conditions d'âge, de terrain ou d'époque, une vigne en bon état peut supporter, sans accident, une dose double ou triple de celle qui serait nécessaire pour la tuer si elle est très malade. Il faut être très réservé dans les premières applications, et il vaut toujours mieux rester au-dessous des doses moyennes qu'aller au-dessus. Dans tous les cas, nous sommes convaincu qu'il y aura lieu de rester dans les moyennes de 150^{kg} ou 180^{kg} de sulfure à l'hectare.

» Les opérations de la campagne 1879-1880 avaient été faites par un temps relativement sec; aussi aucun accident d'arrêt dans la végétation n'avait été signalé. Dans les opérations de cette année, il n'en a pas été de même; les pluies abondantes de cet hiver ont maintenu le sulfure très longtemps dans le sol et ont entraîné, lors de leur absorption, une certaine quantité de ce produit dans le corps de la plante, ce qui a nui pendant quelques jours au développement régulier des pampres. Cet effet est passé inaperçu pour la plupart des viticulteurs, mais je l'ai parfaitement constaté sur tous les vignobles situés dans des terrains retenant facilement l'eau. Aujourd'hui, tout rentre dans l'ordre et il ne reste plus traces de ce phénomène.

» De ces constatations, il y a lieu de tirer cette conséquence, que dans tous les cas il faut opérer le plus tôt possible pendant l'époque convenable. On doit même faire plusieurs catégories de terrains et commencer toujours par ceux qui sont les plus compactes et qui retiennent facilement les eaux pluviales.

» J'ai observé des vignes qui sont situées dans des argiles très plastiques, et qui ont subi de véritables accidents par un premier traitement où les doses avaient été un peu trop élevées, et où l'on avait un peu trop centralisé les injections en entourant les ceps de trois trous de 10^{gr} chacun. Dans un terrain léger et sur une vigne en bonne végétation, il n'y aurait eu aucun accident à ces doses, mais dans les conditions où elles se trouvaient il ne pouvait pas en être autrement. J'ai également constaté des accidents sur des terrains retenant moyennement l'eau, mais où la vigne était très malade et où l'on avait fait les injections à $0^m,45$ ou $0^m,50$ dans un sens et $0^m,65$

ou $0^{m},70$ dans l'autre, avec des doses de 10^{gr}. Des vignes contiguës, se trouvant par conséquent dans un terrain de même nature, n'ont nullement souffert du traitement, par cela seul qu'elles en étaient à leur deuxième année d'application et qu'elles étaient plus vigoureuses.

» Dans tous les cas il faut craindre les hivers trop humides et il est prudent d'opérer dès les vendanges terminées, afin de donner au sulfure le temps d'être complètement éliminé, soit du sol, soit de la plante, avant le réveil de la végétation.

» Il est bon d'être prévenu contre les plus petits accidents et de pouvoir se rendre compte des causes qui les amènent.

» Ces faits ne sont pas de nature à faire restreindre l'emploi de cet agent si puissant et si efficace, mais ils nous indiquent qu'il faut s'en servir avec prudence et discernement, en s'entourant de renseignements précis et bien circonstanciés. »

Effets produits par le sulfure de carbone sur les vignes du Beaujolais;

Par M. HENNEGUY.

« Selon votre désir, je viens de passer quelques jours dans les environs de Lyon et dans le Beaujolais pour constater les effets produits sur les vignes par le sulfure de carbone.

» Au champ d'expériences de Saint-Germain-au-Mont-d'Or, le sulfure de carbone est employé depuis trois ans pour traiter les vignes phylloxérées. Cet insecticide est appliqué chaque année, à la fin de février et pendant le mois de mars, à la dose de 25^{gr} par mètre carré. Les ceps présentent l'aspect ordinaire des vignes traitées par le sulfure de carbone; les pampres sont d'un beau vert foncé. Il n'y a eu aucun accident, l'application ayant toujours été faite dans de bonnes conditions.

» Le champ d'expériences possède des vignes américaines de trois ans qui n'ont subi aucun traitement; elles ont une belle apparence, mais quelques ceps commencent cependant à souffrir. Le greffage n'a pas donné de très bons résultats : sur quatre cent quatre-vingt-cinq greffes de cépages français sur *Riparia*, *Elvira*, *Solonis*, etc., il n'y a que cent soixante-quinze réussites.

» J'ai visité avec soin les traitements faits par le syndicat de Villié-Morgon; le président, M. Sornay, a bien voulu m'accompagner et me montrer en détail les vignobles sulfurés. Les résultats obtenus jusqu'à ce jour sont fort encourageants; nous n'avons constaté aucun accident dû à l'emploi du sulfure de carbone. Les vignes ont été très éprouvées par les gelées des deux derniers hivers, et elles commencent à souffrir un peu de l'extrême sécheresse que l'on a ici en ce moment.

» M. Sornay traite la plupart de ses vignes depuis trois ans; la première année il a employé environ 28gr de sulfure par mètre carré, la deuxième 26gr et la troisième 20gr. Il n'a eu qu'à se féliciter de diminuer ainsi graduellement les doses de l'insecticide. Les taches ont été circonscrites et la reconstitution des ceps est manifeste.

» Le syndicat de Villié-Morgon comptait, l'année dernière, soixante-treize membres, qui ont traité 53ha; cette année il compte cent trente-neuf membres qui se sont fait inscrire pour traiter 121ha. Ces chiffres montrent que les vignerons ont confiance dans les traitements insecticides.

» Le champ d'expériences de Villié-Morgon ne date que de cette année; son emplacement a été choisi au milieu de vignes très maltraitées par le Phylloxera. Le traitement au sulfure de carbone ne paraît pas avoir produit beaucoup d'effet. De jeunes cépages français ont été plantés cette année en plein terrain phylloxéré et seront soumis au traitement dès l'année prochaine. Cette expérience sera intéressante à suivre.

» M. Gaudet, au château de Villié, a traité quelques vignes par le sulfocarbonate de potassium, et il les a sauvées; malheureusement cet excellent insecticide ne peut être appliqué que sur des points très limités, l'eau étant, en général, très rare dans le Beaujolais. M. Sornay désirerait cependant avoir une centaine de kilogrammes de sulfocarbonate de potassium pour traiter préventivement les jeunes plantiers, sur lesquels il fonde beaucoup d'espérance.

» Je n'ai constaté d'accidents produits par le sulfure de carbone que dans la commune de Durette et ses environs. Je dois me hâter de dire que ces accidents sont peu sérieux.

» M. Mouton, président du syndicat de Durette, a traité, pour la première fois, un certain nombre de points phylloxérés aux mois d'octobre et de novembre de l'année dernière. La dose de sulfure était de 5gr par trou, ce qui faisait, vu la disposition des trous, environ 23gr par mètre carré.

» On remarque un arrêt de végétation des ceps sulfurés, dont les sarments sont beaucoup plus courts que ceux des autres.

» Chez Mme Poidebard, à Régnié, et MM. Greppo et Humblot, à Vernus, le traitement par le sulfure de carbone a tué un certain nombre de ceps et a arrêté la végétation de la plupart des autres. La dose de l'insecticide a été de 7gr par trou, et l'application a été faite au mois de novembre, par un beau temps, m'a-t-on assuré, le sol n'étant nullement humide. Je ne puis attribuer cet insuccès qu'au peu de profondeur du terrain qui, formé en majeure partie de sables granitiques, repose sur un sous-sol rocheux imperméable et n'a pas plus de $0^m,50$ d'épaisseur. La dose de sulfure de carbone me paraît avoir été trop forte pour ce terrain, et une dose de 18^{gr} à 20^{gr} de sulfure par mètre carré doit être suffisante pour la plupart des côtes du Beaujolais.

» J'ai recherché, pendant mes excursions, l'existence de galles sur les vignes tant françaises qu'américaines, et je n'ai encore rien trouvé. Le chef de culture du champ d'expériences de Saint-Germain-au-Mont-d'Or m'a assuré avoir vu souvent des galles sur des cépages français, mais nous en avons cherché vainement ensemble. Je lui ai recommandé de me signaler les endroits où il en verrait. »

Résultats obtenus, dans les vignes phylloxérées, par l'emploi du sulfure de carbone et du sulfocarbonate de potassium;

PAR M. HENNEGUY.

« Depuis bientôt un mois, je suis à Bordeaux, où, grâce à l'obligeance de M. Laliman, qui a bien voulu mettre ses vignes à ma disposition, je cherche ce que deviennent les Phylloxeras gallicoles à la fin de la saison. Cette partie de l'histoire de l'insecte a été, en effet, négligée jusqu'à présent; on sait bien qu'il arrive un moment où l'on ne trouve plus rien dans les galles, mais on ignore le sort de leurs derniers habitants. J'espère vous faire connaître bientôt le résultat de mes observations.

» J'ai mis à profit les loisirs que me laissent mes recherches biologiques, pour continuer à visiter les vignobles qui ont été l'objet de traitements insecticides. Comme l'année dernière, je me suis principalement occupé des vignobles qui ont été traités sérieusement, c'est-à-dire dans toute leur étendue et plusieurs années de suite, négligeant ceux dont les propriétaires, peu confiants dans l'efficacité des insecticides, se sont bornés à faire des traitements intermittents, limités aux points d'attaque, et qui, naturellement, n'ont pu obtenir que des résultats peu concluants.

» Dans les environs de Libourne, beaucoup de viticulteurs essayent, depuis quelques années, de lutter contre le fléau. La submersion et le sulfure de carbone sont les moyens généralement employés. Les vignes submergées ont un assez bel aspect, au point de vue végétatif; mais, par suite de la *coulure*, qui paraît être plus forte chez elles que chez les autres vignes, elles produisent très peu.

» Les vignes de M. Giraud, à Pomerol, et celles de M. Piola, à Saint-Emilion, sont les plus belles et les plus vigoureuses. M. Giraud, qui a été un des premiers à appliquer le sulfure de carbone, et qui ne s'est pas laissé décourager par les insuccès qu'il a éprouvés au début, est parvenu, non seulement à circonscrire les taches phylloxériques, mais encore à reconstituer la plus grande partie de son vignoble. Ses vignes étaient encore, le mois dernier, très vertes; elles portaient, il est vrai, peu de raisins, mais le fait est général cette année dans le Bordelais et tient à la *coulure*. M. Giraud n'a pas eu d'accidents dus au sulfure, sauf dans une petite pièce qui est située dans un bas-fond et qui a été traitée après de fortes pluies. La dose de sulfure employée à Pomerol est de 30gr par mètre carré, distribuée en trois trous.

» Même bon résultat chez M. Piola, dont les vignes du Clos-Cadet et du Clos-Pouret tranchent nettement, par leur belle végétation, sur les vignobles voisins, qui, pour la plupart, n'existent plus qu'à l'état de vestiges. M. Piola ne met que 24gr de sulfure par mètre carré, en quatre ou six trous. Les traitements, faits en octobre et en novembre, n'ont amené la mort d'aucune souche.

» Les viticulteurs de l'arrondissement de Béziers ont été vivement émus par les accidents qui ont suivi les traitements insecticides de cet hiver. Je suis allé revoir, à Baboulet, près de Capestang, le domaine de M. Jaussan, qui, l'année dernière, était un des plus beaux de la contrée. J'ai pu m'assurer qu'on avait beaucoup exagéré l'importance de ces accidents. Il y a, chez M. Jaussan, un certain nombre de ceps qui ont été tués, ou plutôt dont la végétation a été arrêtée cette année. Les ceps se trouvent au niveau des taches phylloxériques anciennes, dans les points où le terrain est fortement argileux, et dans ceux où il existe des dépressions dans lesquelles les eaux pluviales se réunissent et entretiennent l'humidité du sol. Comme M. Jaussan l'a très bien fait remarquer au Comice agricole de Béziers, on peut expliquer ces accidents par les mauvaises conditions dans lesquelles le traitement a été effectué. L'hiver dernier a été très pluvieux dans le Midi, et l'on n'a pas tenu compte de l'humidité du sol lorsqu'on a appliqué le sulfure de carbone. Seuls, les propriétaires qui ont employé de faibles doses n'ont pas eu d'accidents; aussi, M. Jaussan se propose-t-il de réduire dorénavant à 30gr, 25gr et 20gr la dose d'insecticide par mètre carré.

» Du reste, beaucoup de ceps qui semblaient être morts ont poussé des sarments cet été et pourront être sauvés.

» La récolte de M. Jaussan sera inférieure à celle de l'année dernière, mais cette diminution tient principalement aux ravages que la Pyrale a faits à Baboulet, ravages qui ont porté surtout sur les souches dont la végétation était en retard, c'est-à-dire au niveau des taches phylloxériques et des points où le sulfure de carbone a produit des effets préjudiciables. Il en résulte que les points d'attaque paraissent s'être étendus; mais, en regardant de près, on voit que la vigne avait commencé à pousser de vigoureux sarments, qui n'ont pu se développer parce qu'ils ont été dépouillés de leurs feuilles.

» Tous les vignobles traités au sulfocarbonate de potassium, que j'ai vus cette année, sont dans un état de prospérité tout à fait remarquable. A Sainte-Foy-la-Grande (Gironde), le vignoble du Montet, que la Société nationale a loué à M. Damaniou, donnera une abondante récolte. Après trois ans seulement de traitement, de vieilles vignes, que l'on considérait comme perdues, et dont on avait arraché la moitié, sont aujourd'hui chargées de nombreuses et volumineuses grappes.

» M. Moullon, à Cognac, traite, depuis six ans, ce qui reste de son vignoble de Vitis-Parc par le sulfocarbonate de potassium. Environ 24000 souches, qui reçoivent, au mois d'avril ou de mai, 60^{gr} de sulfocarbonate et de 20^{lit} à 30^{lit} d'eau, sont aussi vigoureuses et donneront une récolte aussi abondante qu'avant l'invasion phylloxérique. M. Moullon traite de la même manière, depuis deux ans seulement, une pièce dans laquelle le sulfure de carbone n'avait pas donné de bons effets; les souches offrent une belle végétation, mais elles ont encore peu de fruit.

» Le domaine de M. Teissonnière, à la Provenquière, près de Capestang, est à sa troisième année de traitement par le sulfocarbonate de potassium; la récolte y sera à peu près aussi abondante que l'an passé: elle eût été supérieure, si la Pyrale n'avait pas ravagé certains points, comme chez M. Jaussan. Les taches phylloxériques ne se sont pas étendues, sauf sur les tertres et les coteaux, où le sol a très peu de profondeur, et où, comme on l'a remarqué partout, la marche du fléau est beaucoup plus rapide.

» Les résultats obtenus par M. Marès, à Launac, dépassent de beaucoup ceux de 1880. Malgré la grande humidité de l'hiver et du printemps, qui a empêché de cultiver les vignes, humidité à laquelle a succédé, depuis le mois d'avril, une sécheresse exceptionnelle, M. Marès aura, cette année, une récolte normale, comme aux beaux temps des vignobles de Montpellier. La reconstitution des vieilles vignes est aujourd'hui complète et les jeunes plantiers de trois ans sont chargés de raisins. Quelques pieds cependant semblent être en souffrance, sur certains points; cet état de dépérissement tient probablement aux mauvaises conditions climatériques et culturales auxquelles la vigne a été soumise cette année.

» L'époque des vendanges est évidemment le meilleur moment pour apprécier l'efficacité des traitements insecticides, car on peut alors seulement juger la vigueur de la végétation et la production de la vigne. Si l'on compare actuellement l'état des vignobles traités par le sulfure de carbone à l'état de ceux qui sont traités par le sulfocarbonate de potassium, on constate que, en général, les premiers conservent leur verdeur plus longtemps que les seconds, mais que leurs pampres, tout en étant très vigoureux, sont moins longs et portent moins de raisins que ceux qui ont reçu du sulfocarbonate. »

Observations relatives aux accidents survenus dans les vignes traitées en 1881 par le sulfure de carbone;

PAR M. J. PASTRE.

« Les nombreux accidents qui ont été signalés cette année ont été occasionnés, dans la plupart des cas, par l'excès d'humidité du sol. Le sulfure de carbone, injecté dans l'eau ou dans de véritables tubes dont l'argile compacte et humide formait les parois, a dû nécessairement, ou rester à l'état liquide, ou s'évaporer dans un espace trop restreint : dans les deux cas, dans le premier surtout, il a dû détruire les racines, grosses ou petites, qui se sont trouvées à sa portée.

» Il existe d'autres causes qui, dans une certaine mesure, peuvent produire les mêmes effets, par exemple un abaissement anormal de température ou un sol trop compact; mais ce sont là des exceptions locales et heureusement peu nombreuses. Le véritable danger, d'autant plus grave qu'il n'était généralement pas connu, provient de l'humidité excessive du sol; c'est à cette cause que nous devons les nombreux désastres qui ont découragé les timides et effrayé même ceux dont la conviction profonde paraissait inébranlable.

» ... Les observations faites sur mon vignoble, pendant les traitements de 1879, 1880, 1881, sans être absolument concluantes, me permettent d'espérer que nos efforts ne seront pas stériles.

» Pendant l'hiver de 1879-1880, je traitai, dans un terrain humide et très argileux, 1[ha] de carignans. La température était très basse. Les carignans traités furent détruits presque complètement; quelques souches, plantées sur un drainage qui traverse une des parcelles traitées en diagonale, furent seules épargnées; le restant fut tué et, malgré tous mes soins, n'a pu être reconstitué. Averti par cet accident, qui m'avait surpris au début de mes expériences, j'ai agi cette année avec une grande prudence. Soit que les terrains sur lesquels j'opère soient plus perméables que les vignobles qui entourent Béziers, soit que le traitement ait été effectué dans des conditions plus favorables, je n'ai pas eu à déplorer un seul accident grave ; à l'exception de cinq rangées de bourret, maltraitées à dessein, je puis affirmer qu'aucune souche n'a été tuée cette année dans mon vignoble par le sulfure de carbone.

» Voici quelle est la méthode qui a été strictement suivie. Les vignes étaient traitées lorsque le sol était suffisamment ressuyé. Dans un premier traitement, on injectait $22^{gr},80$ par mètre carré, dans sept trous faits au pied de chaque souche de la manière suivante, et suivant un schéma dressé par M. Henrion, délégué départemental de l'Aude, qui, avec son dévouement ordinaire, a bien voulu me prodiguer ses excellents avis. Huit jours après la première opération, on donnait un coup de piston à $0^{m},15$ du pied de la souche (dose de 6^{gr}). Le pal injecteur Gastine fonctionnait seul ; les ouvriers et le moniteur surveillaient d'une manière toute particulière le bon fonctionnement du pal ; une éprouvette graduée servait, d'ailleurs, à constater si le dosage était bien exact.

» M. Henrion m'ayant recommandé de ne pas sulfurer des terrains trop humides, je suivis ses prescriptions rigoureusement, parce qu'elles me paraissaient rationnelles. Mais, à titre d'expérience, je choisis cinq rangées de bourret, fort belles en 1880 ; je les traitai alors que le sol était très humide ; le restant du bourret fut laissé comme témoin. En juin, la partie non traitée était splendide, tandis que les cinq rangées sulfurées ne valaient absolument rien. Vers le 10 juin, les rangées belles ont été traitées avec des doses variant de 10^{gr} à 15^{gr} par mètre carré et en éloignant les trous à $0^{m},60$ du pied de la souche. L'injection au pied a été supprimée. Une seule souche a pâli, les fruits sont tombés, mais elle n'est pas morte et paraît même aujourd'hui assez vigoureuse. Quant aux cinq rangées traitées en hiver, quoique leur état se soit amélioré, leur végétation n'est pas vigoureuse, et je crains bien qu'elles ne puissent plus être sauvées.

» Mais, si j'ai pu éviter les accidents occasionnés par l'emploi du sulfure de carbone dans un milieu trop humide, j'ai à constater cependant des déceptions graves, à côté de grands succès. En général, tous les carignans qui sont plantés dans les terres les plus argileuses, tout en conservant une couleur verte qui laisse quelque espoir, sont dans un piteux état. Tous les aramons qui furent traités en 1879, très phylloxérés, conservent aussi une belle couleur verte, mais le bois n'est ni assez long, ni assez aoûté pour faire espérer une récolte prochaine. Dans les terres très argileuses ou blanches, où la craie est mêlée à l'argile et où le pal s'enfonce très difficilement, le résultat a été négatif, non pas que le sulfure de carbone ait tué les souches, mais bien parce que, la diffusion des vapeurs ne se faisant probablement pas d'une manière régulière, le Phylloxera a pu continuer tranquillement son œuvre de destruction.

» Au contraire, dans les terres bien drainées, ou bien perméables, où l'argile est mêlée à une grande quantité de silice ou de calcaire, surtout dans le sous-sol se ressuyant très facilement, où les pals entrent sans effort, qui, au moment du traitement de 1879, n'étaient pas encore complètement envahies, les résultats ont été excellents. Dans certaines parties même, ils paraissent merveilleux ; dans la Condamine Nord, par exemple, sur une étendue de 1^{ha}, la végétation est aussi luxuriante qu'aux plus beaux jours et le rendement sera peut-être plus considérable que dans les meilleures années : les vignes voisines sont, ou arrachées, ou fort malades, et, lors du traitement de 1879, il y avait dans la Condamine Nord une tache de cent souches qui a disparu.

» On peut se demander si le système radiculaire ne souffrira pas de ces injections annuelles de sulfure de carbone. La science n'a pas encore donné une solution définitive de ce problème, si difficile à résoudre; mais, en attendant l'arrêt des savants, je crois que nous devons suivre les excellentes règles formulées par M. Louis Jaussan, en y ajoutant quelques modifications rendues nécessaires par les accidents de cette année.

» 1° Traiter seulement les vignes dont l'état phylloxérique n'est pas trop grave.

» 2° Traiter pendant l'hiver et avec une température normale (c'est-à-dire suspendre le traitement lorsque le thermomètre est trop bas).

» 3° Ne traiter que des terres bien ressuyées.

» 4° Multiplier les trous et diminuer les doses, surtout lorsque la vigne est plantée dans une terre compacte et que l'invasion phylloxérique est ancienne.

» 5° Donner de fortes fumures et ajouter, aux fumiers de ferme, des sels de potasse (proscrire rigoureusement les tourteaux).

» 6° Surveiller l'état phylloxérique; si, après la première ou la deuxième année, tous les insectes ont disparu, suspendre le traitement; s'il en reste encore un petit nombre, injecter le sulfure de carbone à doses très réduites, afin de ne pas compromettre la vigueur des racines ou des radicelles qui se reconstituent. »

Observations faites en 1881 sur le Phylloxera et sur les moyens de défense en usage;

Par M. BOITEAU.

« A la fin de cette campagne, je vais avoir l'honneur de vous transmettre les observations que j'ai pu faire sur la biologie du Phylloxera, et vous donner quelques indications sur les moyens employés pour le combattre.

» Les études biologiques n'ont pas fait un pas sensible pendant la période estivale de l'année 1881. En 1880, il nous avait été difficile de suivre la marche des sexués, à la suite des pluies à peu près continuelles de la saison. Cette année, ce n'est pas la pluie, mais bien la sécheresse, qui nous a mis dans la même situation. Si l'humidité excessive gêne la sortie des ailés, les détruit lorsqu'ils sont hors de terre, empêche les migrations et la fécondation des sexués, il en est bien autrement de la sécheresse persistante, non pas pour les ailés et les sexués, mais bien pour la première forme des métamorphoses, c'est-à-dire pour la production de la nymphe. Pour se développer et se montrer en grand nombre, les nymphes ont besoin de radicelles jeunes, tendres et très succulentes. Si la sécheresse est trop longue, le sol alimente incomplètement le végétal, et le système radicellaire ne se développe pas. Avec des radicelles languissantes, on ne constate que peu de nymphes au début, et si cet état persiste, on n'en découvre plus du tout quelque temps après.

» Au commencement de juillet de l'année courante, le sol était encore relativement humide et les radicelles assez nombreuses. A ce moment, j'ai pu constater sur mon champ d'expériences une quantité considérable d'insectes en voie de transformation. Des radicelles en rameau, longues de $0^m,10$ ou $0^m,15$, en portaient des centaines. La raison me paraissait être des plus favorables à l'observation, et je commençais à espérer que, dans le courant de cette campagne, je serais assez heureux pour finir de lever le voile qui couvre encore une partie des mœurs de la génération sexuée. Mes expériences ont été complètement déçues par suite de la sécheresse persistante qui n'a cessé de régner jusqu'à l'automne. Les nymphes entrevues se sont seules développées, et il m'a été impossible de trouver un seul insecte ailé sur le système foliacé de la vigne. Comme conséquence, je n'ai pu découvrir ni insectes sexués ni œufs fécondés. J'ai vainement cherché ces derniers sous les écorces, où je n'ai trouvé ni ailés ni sexués.

» Cette année peut être considérée comme nulle au point de vue de la régénération de l'espèce par l'œuf fécondé. S'ensuivra-t-il que les insectes des générations agames vont diminuer en grand nombre l'année prochaine, et offrir un ralentissement dans la marche du fléau? C'est ce que le temps nous apprendra, et il sera intéressant d'étudier ces générations dans le courant de l'été prochain. Je dois avouer que je ne compte guère sur cette dégénérescence, et je crois que la multiplication n'en recevra aucun contre-coup.

» J'ai commencé, cette année, une série d'expériences destinées à me donner, dans l'avenir, la durée de la génération agame, à partir de l'insecte issu de l'œuf d'hiver. Ces observations demanderont un nombre d'années qu'il est difficile de déterminer quant à présent, et elles nous permettront de savoir si les générations agames peuvent se suffire à elles-mêmes pendant un temps illimité.

» Les faits d'observation que je viens de relater ci-dessus nous expliquent à quelles causes il faut attribuer la difficulté qu'il y a à trouver des sexués et des œufs d'hiver dans les contrées qui sont extrêmement chaudes ou extrêmement humides. Ce sont les vignobles situés dans les régions chaudes et humides à la fois qui doivent donner le plus de ces formes sexuées.

» Les traitements au sulfure de carbone et au sulfocarbonate de potassium ont donné, cette année comme les précédentes, tout ce qu'on peut attendre d'eux, c'est-à-dire la destruction plus ou moins complète de l'insecte. Le sulfocarbonate de potassium, par suite de la potasse et de l'eau qu'il apporte dans le sol, donne toujours de meilleurs résultats que le sulfure de carbone en nature, seulement, ce qui fait et fera longtemps reculer les propriétaires devant son emploi, c'est la dépense relativement considérable qu'il exige. Malgré cela, il faut, pour que ces deux moyens donnent des résultats avantageux pour le viticulteur, une assez grande quantité d'engrais intensifs. Sans cet appoint cultural, on remet les vignes sur pied, mais leur système radiculaire est trop restreint et trop souvent fatigué par les réinvasions de l'été, pour qu'elles puissent se comporter comme des plantes réellement saines.

» Il est donc indispensable, et c'est aujourd'hui un fait d'expérience parfaitement constaté et établi, d'aider à la production par les engrais, et surtout par les engrais chimiques purs ou mélangés aux fumiers de ferme. Les fumures azotées, à l'aide des fourrages enfouis en vert, rentrent largement dans la pratique, et elles donnent d'excellents résultats.

» Nous ne nous étendrons pas sur ce que nous avons déjà dit plusieurs fois sur les doses, les époques, l'état d'humidité ou de sécheresse du sol, en tant que cela se rapporte à l'emploi du sulfure de carbone, du moment où nous n'avons qu'à confirmer nos précédentes observations et à engager les viticulteurs à se défier des terrains froids et plastiques et des trop grandes pluies avant ou après les opérations. Dans les terrains douteux, il faut faire les applications par des temps relativement secs et rester dans la limite de 150^{kg} à l'hectare. Dans les terrains qui s'essuient bien, il faut moins de précautions, et l'on peut aller à 180^{kg} et à 200^{kg} à l'hectare. Les traitements doivent être simples, et les opérations par lignes parallèles, avec les trous alternés, nous paraissent toujours les meilleures.

» Il est bon aussi de faire remarquer qu'il est sage de ne s'occuper que des vignes en très bonne végétation et de sacrifier prudemment tout ce qui est trop avancé, pour en opérer la reconstitution, soit en plants français, soit, ce qui nous paraît préférable, en vignes résistantes destinées à être greffées.

» A cet égard, qu'on nous permette de dire que les seuls plants qui nous paraissent offrir une grande valeur sont les *riparia*, les *solonis* et les *York-Madeira*.

» La greffe qui a le mieux réussi dans nos concours est celle que l'on désigne sous le nom de *greffe en fourche* avec un ou deux yeux au greffon. Cette greffe en fourche n'est autre chose que la greffe en fente évidée ou celle dite *à cheval*, mais renversée. Nous la recommandons spécialement, soit sur place soit racines sur tables. Pour être bien et rapidement exécutée, elle doit être faite à l'aide d'une machine construite à cet effet. Ce système de greffe a l'avantage, sur la greffe anglaise, d'offrir moins de lambeaux et d'éviter le dessèchement de ceux qui sont les plus minces, en les plaçant dans la direction de la sève ascendante, et sur la greffe en fente pleine, de ne pas présenter de bourrelet et de donner une soudure complète, toutes les surfaces étant en biseau. Par ce moyen aussi, on évite sûrement l'affranchissement du greffon, ce qui est une condition de bonne et prompte soudure.

Dans les vignes traitées par le sulfure de carbone, je ne saurais trop insister sur les bons effets et sur la nécessité presque inévitable des badigeonnages de la partie inférieure de la souche et de la base des premières racines. Si l'on veut retirer tous les bénéfices que peut donner l'emploi du sulfure de carbone et des engrais, il est indispensable de faire disparaître, dans la mesure la plus large possible, les réinvasions estivales, qui viennent, par leur retour périodique, détruire le chevelu au fur et à mesure qu'il se forme.

» Les traitements par le sulfure de carbone ne détruisent, ainsi que je l'ai déjà communiqué plusieurs fois à l'Académie, que les insectes qui sont recouverts d'une couche de terre de $0^m,10$ ou $0^m,15$. Ceux, en grand nombre, qui sont fixés sur le collet des plantes et sur la base des racines les plus superficielles, échappent en totalité aux vapeurs insecticides. Ces insectes se multiplient au printemps et les jeunes se répandent sur tout le système radiculaire le plus superficiel. Pendant l'été, la diffusion se continue, et, aux mois de juillet et d'août, toutes les racines en sont couvertes.

» Pour éviter cette réinvasion, il suffit de badigeonner la base de la souche, depuis le point qui se trouve à $0^m,10$ environ au-dessus de la surface du sol jusqu'à $0^m,15$ ou $0^m,20$ de profondeur. Pour cela, il faut la déchausser, en formant une cuvette à son pourtour. Dans les vignes travaillées à la charrue, on profite, pour faire l'opération, de la première façon de labour et de l'enlèvement du cavaillon. Si le cavaillon n'a pas assez de hauteur, on peut creuser le pourtour de la souche à l'aide de la pioche. Cette opération doit se faire avant l'éclosion des œufs de la première génération de l'année, qui a ordinairement lieu vers le commencement de mai.

» Cette préparation du sol atteint un double but, car on peut profiter de cette cuvette pour déposer les engrais.

» Pour opérer le badigeonnage, on peut se servir du sulfocarbonate de potassium, soit pur, soit étendu d'eau, ou de la préparation que j'ai indiquée dans mes Communications à l'Académie, et qui se compose d'un mélange d'huile lourde de goudron de gaz et de chaux éteinte étendu de huit ou dix fois son volume d'eau.

» Par ces traitements combinés, on obtient d'excellents résultats, et souvent une partie de l'été se passe sans que l'on constate d'insectes sur les racines. »

ÉTUDES SUR LES PÉRONOSPORÉES,

PAR M. MAXIME CORNU.

I.

LE MEUNIER, MALADIE DES LAITUES

[*Peronospora gangliiformis*, (Berk.)].

« Ce Mémoire a été rédigé au commencement de l'année 1879, à la suite d'observations et d'expériences relatives à la maladie des laitues, et faisant suite à des études semblables, mais moins spéciales, commencées plusieurs années auparavant; il était destiné à paraître dans un autre Recueil.

» On a cru utile de le joindre au Mémoire suivant, qui a été rédigé postérieurement, et qui en est pour ainsi dire le développement; la réunion des deux Mémoires formera un ensemble de recherches sur le même sujet.

» On n'a rien changé à la rédaction, qui, dans certains cas, pourra paraître assez analogue dans les deux Mémoires, afin de ne pas obscurcir et décompléter les conseils théoriques donnés aux praticiens.

» Le lecteur trouvera d'ailleurs, accompagnant des remarques diverses, l'interprétation de quelques opérations agricoles et horticoles réellement efficaces, mais dont le fondement scientifique n'était peut-être pas suffisamment expliqué et mis en lumière.

PREMIÈRE PARTIE.

DESCRIPTION DE LA MALADIE [1].

« Une plante alimentaire dont l'importance culturale est, aux environs de Paris, beaucoup plus grande qu'on ne le croit, la laitue (la *Lactuca sativa*

[1] Un résumé succinct de cette première Partie a été présenté à l'Académie des Sciences et publié dans les *Comptes rendus*, séance du 18 novembre 1878.

et ses variétés), est attaquée par une maladie particulière : cette maladie cause des dommages assez considérables pour qu'un groupe de jardiniers-maraîchers, au nombre de douze environ ([1]), aient pris l'initiative de proposer un prix de *dix mille francs* ([2]) pour engager à chercher un remède ou une méthode spéciale de culture.

» Cette maladie n'est pas nouvelle ; elle a acquis seulement une intensité beaucoup plus grande depuis quelques années; elle est due à la présence d'un végétal microscopique, à un champignon parasite, le *Peronospora gangliiformis* (Berk.) ([3]) (*Pl. I*).

» Cette espèce a reçu des noms divers ([4]); celui que j'adopte est celui sous lequel elle est le plus connue et a été étudiée par M. de Bary; les autres ont été donnés à nouveau par ignorance du premier ou par une séparation non justifiée du type primitif.

» Les *Peronospora* ne sont pas rares dans la nature. On sait que ces champignons, semblables à de petites moisissures, attaquent les végétaux vivants et frappent souvent de mort le point ou les points qu'ils ont envahis; ils précèdent toujours l'affaiblissement et la destruction des plantes atteintes; de nombreuses cultures et inoculations ont mis ce fait hors de doute. M. de Bary a exécuté une série d'expériences très bien faites et très concluantes qui ont jeté la plus vive clarté sur l'histoire des espèces de ce groupe (*Cystopus* et *Peronospora*); on trouvera dans son Mémoire un très grand nombre de détails et de faits de la plus haute importance sur ce sujet ([5]).

» La viticulture française, si éprouvée déjà par l'oïdium et le Phylloxera, est menacée d'un parasite nouveau, le *Peronospora viticola*, très sem-

---

([1]) M. Curé, de Vaugirard, président du Comité; M. Duvillard, d'Arcueil, secrétaire.

([2]) L'auteur proclame hautement que son travail est purement désintéressé et qu'il ne concourt pas pour le prix proposé; il s'est mis en rapport avec les membres de la Commission et leur a exposé plus d'une fois ses idées, sans leur recommander le secret ou même la réserve.

([3]) *Botrytis ganglioniformis* Berk. (*Journ. Hort. Soc. Lond.*, t. I, p. 31, *Pl. IV*); M. de Bary a déjà remarqué que ce mot est mal formé et propose l'adjectif *gangliformis;* il vaudrait mieux, ce semble, *gangliiformis*, du mot latin *ganglium* (*Dict.* de de Wailly, p. 433).

([4]) *Botrytis Lactucæ* Unger (*Bot. Zeit.*, 1847, p. 314), *B. geminata* Unger (*loc. cit.*); *B. sonchicola*, Schlechtendal (*Bot. Zeit.*, 1852, p. 620); *Bremia Lactucæ* Regel (*Bot. Zeit.*, 1843, *Pl. III*); *Actinobotrys Tulasnei*, Hoffm. (*Bot. Zeit.*, 1850, 154).

([5]) *Recherches sur le développement de quelques champignons parasites* [*Annales des Sciences naturelles, Bot.*, t. XX (1863), p. 5; 13 planches]. (Voir spécialement la page 59 de ce beau Mémoire.)

blable à celui de la pomme de terre. J'ai à plusieurs reprises insisté sur le danger que présente, sous ce rapport, l'importation exagérée des vignes américaines.

» Une étude de la maladie des laitues, faite à un point de vue très général, ne sera peut-être pas inutile; on pourrait y recueillir quelques données sur la marche à suivre ou sur les opérations à éviter dans la lutte contre des affections de ce genre. C'est principalement dans ce but que j'ai écrit les pages qui suivent.

» *Caractères extérieurs des plantes attaquées.* — Le premier signe extérieur de la maladie des laitues est la présence de flocons blancs situés en général à la face inférieure des feuilles; le champignon est très ténu et simule des efflorescences blanchâtres, comme pulvérulentes, rappelant un peu des taches farineuses, d'où le nom caractéristique de *Meunier.* Ce champignon parasite est spécial aux Composées et se rencontre très fréquemment sur plusieurs des mauvaises herbes des jardins pendant la plus grande partie de l'année. On peut citer en première ligne le séneçon vulgaire (*Senecio vulgaris*) et les laiterons (*Sonchus*). Les artichauts ne sont pas à l'abri de ses atteintes, et j'ai vu plusieurs fois tous les segments des larges feuilles fortement attaqués par ce *Peronospora;* mais, sur ces dernières, le duvet blanc et épais qui recouvre la face inférieure ne permet de distinguer qu'avec peine la présence du parasite et ses flocons blancs. Il est probable que ces plantes doivent être affaiblies comme les laitues par le *Peronospora*, mais ce dernier n'y produit pas des altérations de même ordre et passe peut-être ainsi inaperçu par les maraîchers.

» M. de Bary signale cette espèce sur le séneçon, le laiteron et la laitue; il cite, en outre, les *Lactuca* (*palmata* W., *pseudovirosa* Sz., *Japonica* M.B., *altissima* M.B., *augustana* All., *elongata* All.), le *Cirsium arvense,* le *Lampsana communis* et le *Cichorium Endivia;* il ne mentionne pas les artichauts cultivés, sur lesquels M. Tulasne l'avait déjà observée (d'après des échantillons de son herbier), et où nous l'avons observée aussi plusieurs fois, M. E. Roze et moi, notamment, chaque année, à la propriété de M. Brongniart, près de Gisors; ce *Peronospora* était remarquablement abondant pendant l'année 1878, sur ces plantes.

» Dans toutes ces espèces, le *Peronospora gangliiformis* se développe au centre du tissu sain et vert de la feuille, qu'il tache le plus souvent, s'en nourrit et vient fructifier au dehors.

» *Description du* Peronospora gangliiformis. — Quand on arrache un lambeau de l'épiderme attaqué, et qu'on le soumet au microscope, on peut voir les filaments sporifères sortir soit isolément, soit réunis, par deux ou trois, à l'extrémité d'un même filament primitif; ils s'échappent par l'ouverture des stomates. La base de chacun d'eux est souvent étranglée et se dilate au-dessus du point d'émergence; ils ne sont pas cloisonnés. Au tiers supérieur de leur longueur, ils se ramifient diversement et leurs rameaux se ramifient à leur tour abondamment; ils ressemblent à de petits arbuscules, sans aucune cloison de haut en bas (*Pl. VI, fig.* 1).

» Les rameaux sont chargés de spores ovales, un peu déprimées et munies d'une papille incomplète p; elles présentent souvent à leur base une courte portion σ de leur support (*fig.* 3 et 4). Ces spores se détachent avec la plus grande facilité; elles sont portées par petits groupes de trois à six, à l'extrémité dilatée et aplatie des rameaux, chacune sur un très court support ou stérigmate (*fig.* 2).

» Le groupement des stérigmates à l'extrémité des rameaux est absolument caractéristique pour cette espèce. Il n'est pas inutile de dire qu'un petit nombre seulement de *Peronospora* peuvent être reconnus à la forme même des arbuscules conidiophores; en dehors du *P. infestans*, on ne pourrait peut-être pas en citer un autre aussi nettement caractérisé, si ce n'est celui qui vit sur les feuilles radicales de l'*Erigeron Canadense*, que nous avons décrit M. E. Roze et moi ([1]), et pour lequel nous avions cru devoir établir le genre *Basidiophora*, tant la forme est spéciale et l'éloigne de tous les autres *Peronospora* (*Pl. V, fig.* 12 et 13).

» Les spores germent facilement dans l'eau, en émettant *par leur papille* un filament (*Pl. VI, fig.* 5) cylindrique et rameux, ou bien qui offre une conformation spéciale : auprès de la spore ou un peu plus loin, il se montre comme fortement renflé et ayant un diamètre presque égal à celui de la spore elle-même, et présente ensuite un étranglement; dans certains cas même (*fig.* 6), on pourrait croire que la spore a épanché au dehors la totalité de son plasma, qui aurait germé ensuite sur place, ainsi que cela a lieu dans certaines espèces; ceci n'est cependant pas le cas ordinaire. Pour le cas le plus fréquent, les détails ont été décrits et figurés par M. de Bary avec une grande exactitude ([2]).

» *Circonstances qui favorisent son apparition; son point de départ.* — Les maraîchers attribuent, non sans raison, l'apparition de la maladie, et par conséquent la présence du parasite, aux temps humides et aux vents

---

([1]) *Annales des Sciences naturelles*, 5e série, t. XI (1869).

([2]) *Loc. cit.*, p. 38, *Pl. VIII, fig.* 1-6.

d'ouest, en général aux temps doux et orageux; mais, quoique l'été paraisse la saison la plus favorable au développement du parasite, nous verrons que les pertes qu'il cause sont fort différentes suivant les saisons et que ce n'est pas à la période estivale qu'il est le plus redoutable, quoiqu'il s'y répande souvent avec une remarquable intensité.

» C'est pendant les journées pluvieuses de l'été que le *Peronospora gangliiformis*, de même que beaucoup d'autres espèces de ce genre, se développe avec le plus de vigueur; la chaleur et l'humidité favorisent d'ailleurs la formation des filaments conidifères. Pour peu que l'on ait étudié des échantillons frais de plantes couvertes de *Peronospora*, on a pu se convaincre de ce fait. Sous une cloche maintenue humide, dans un bocal de verre bien bouché ou dans une boîte métallique fermée, les feuilles traversées par le mycélium encore stérile d'un *Peronospora* se couvrent en une seule nuit de houppes fructifères nombreuses; les pulvinules qui ont perdu leurs spores en émettent de nouvelles, généralement à l'extrémité de nouveaux rameaux. Les plantes récoltées par un temps assez sec ne présentent qu'un petit nombre d'arbuscules conidifères. Par un temps tout à fait sec, les spores ne sont pas émises; après un séjour de plusieurs heures à l'humidité, les flocons se développent et les spores se forment et même mûrissent avec rapidité.

» Tout en adoptant l'opinion des praticiens, qui attribuent aux temps orageux et doux l'origine de la maladie, nous devons définir plus exactement cette opinion. Il ne peut être question de génération spontanée; M. de Bary a pris soin de le démontrer pour le cas précis qui nous occupe; il l'a même réduite à néant dans le cas le plus difficile [pour le *Cystopus* (¹) et les Urédinées]. Mais si cette maladie se montre subitement, d'où vient-elle? Il est facile de remonter à l'origine probable du premier germe; les herbes de nos champs sont souvent, comme nous l'avons vu, couvertes de ce parasite, qui s'y reproduit avec une facilité extrême; c'est vraisemblablement de là que partent les conidies qui se répandent au loin, en admettant que les laitues elles-mêmes ne présentaient aucune feuille contaminée et que les artichauts étaient dans un cas identique

» S'il n'y a aux environs aucune plante malade, à quelque espèce qu'elle appartienne, cela ne suffira cependant pas pour qu'on puisse affirmer que les cultures resteront indemnes.

» Il peut se faire que des plantes parfaitement saines soient tout d'un

(¹) De Bary, *loc. cit.*, p. 13 et 24.

coup envahies par le *Peronospora;* l'infection, dans ce cas, doit être attribuée, non pas au transport des spores ordinaires ou *conidies* d'une plante malade à une autre plante, mais à la germination d'une seconde espèce de spores dont il nous reste encore à parler et dont il sera question un peu plus loin, le *oospores* ou *spores dormantes.*

» Le *Peronospora gangliiformis,* comme la plupart des autres espèces du même genre, se propage avec rapidité par les temps de pluie; les spores entraînées par le vent tombent sur les feuilles saines, y germent aisément à cause de l'humidité de l'air, perforent l'épiderme et rampent dans le tissu de la plante en s'y développant. Pendant l'année 1878, les pluies ont, durant l'été, favorisé l'extension de la maladie d'une manière extraordinaire. Pendant le mois de juillet, il était possible de voir, sur les marchés et à la devanture des fruitiers, les exemples les plus abondants de feuilles attaquées; les laitues proprement dites et les romaines étaient couvertes par places avec le duvet blanc du *Peronospora gangliiformis.*

» Alors me revint en mémoire une nouvelle annoncée par M. Bernard, préparateur au Muséum, que les maraîchers se préoccupaient de cette maladie; M. Maurice Girard m'en avait aussi parlé pendant l'hiver. Enfin M. Carrière, l'habile chef des pépinières au Muséum, voulut bien me mettre en rapport avec M. Duvillard, qui apporte dans ses cultures maraîchères une intelligence et une méthode remarquables. M. Duvillard se rendait parfaitement compte, comme plusieurs de ses confrères au Comité, de la cause du mal et avait été l'un des premiers à proposer une récompense pour la découverte d'un remède à cet état de choses.

» *Développement du* Peronospora; *altérations diverses déterminées par le parasite; effets ordinaires.* — Il était nécessaire de se mettre en rapport avec un homme du métier, pour savoir exactement ce qu'il y avait à chercher, et l'on verra plus loin que cela était nécessaire et que l'effet produit par le *Peronospora* est fort différent suivant les cas.

» Sur les plantes atteintes, on aperçoit des taches floconneuses, situées à la face inférieure des feuilles; ces taches deviennent ensuite brunes et se dessèchent. C'est l'altération la plus générale et qui ressemble le plus à ce que l'on connaît chez les autres espèces de *Peronospora.*

» Si l'on pratique une coupe mince de la feuille au travers d'une semblable tache (*Pl. VI, fig.* 8), on peut voir le parenchyme encore vert parcouru par un nombre considérable de filaments irrégulièrement ramifiés, d'un diamètre très variable; ces filaments ne présentent aucune cloison et sont remplis d'un plasma grisâtre et dense. Ils rampent entre les cellules, sans jamais les traverser; le tissu très lacuneux de la feuille leur facilite le cheminement; ils émettent çà et là, fréquemment au même niveau, des suçoirs assez constants de forme dans cette espèce. Les suçoirs sont ovoïdes allongés, courbés en arc et séparés du filament par un étranglement très étroit, *non fermé*; pour employer une comparaison très vulgaire, ils on la forme d'un *cervelas* (*Pl. VI, fig.* 1 et 8, *h, h'*).

» Les filaments peuvent atteindre l'épiderme, et, quand ils arrivent auprès d'un stomate, ils se renflent souvent et se ramifient; ils émettent au dehors, par cette ouverture, des filaments secondaires entièrement rectilignes, cylindriques et obtus par leur extrémité; c'est par cette extrémité que commencent à se développer les ramifications, qui se présentent au début comme des mamelons irrégulièrement hémisphériques. L'accroissement a lieu successivement et l'on voit se former ainsi les élégants arbuscules sporifères. Il y a continuité complète entre la cavité du mycélium interne et celle des tubes extérieurs (*fig.* 8).

» Quand la végétation des filaments est terminée, le tissu qui les nourrit est singulièrement épuisé; il brunit et meurt; les arbuscules s'affaissent après s'être vidés entièrement par l'émission des spores; le mycélium, qui est en continuité directe avec eux, s'est également dépouillé de la plus grande partie de son protoplasma. Quand le tissu est mort, le mycélium disparaît, presque sans laisser de trace. Mais dans bien des cas, surtout si l'on étudie une tache commençant seulement à brunir, on peut encore, tout autour de la place frappée de mort, retrouver des filaments pleins de vigueur et remplis de protoplasma trouble et épais (*fig.* 8, D).

» Les parties occupées par le *Peronospora* ne donnent pas lieu à des segmentations cellulaires et ne paraissent pas produire des hypertrophies; chez un grand nombre d'espèces il en est de même, quoiqu'on puisse citer des déformations assez considérables chez d'autres.

» Les filaments conidifères et les spores présentent une membrane dont la constitution est semblable à celle des autres plantes, mais différente de celle qui s'observe dans la plus grande majorité des champignons; elle se colore par l'action du chloro-iodure de zinc et prend une teinte très belle bleu-violet, comme la cellulose ordinaire. Ce fait important a été signalé, avec beaucoup d'autres, par M. de Bary dans le Mémoire cité plus haut.

» Le *Peronospora gangliiformis* produit le brunissement et la dessiccation de toutes les parties aux dépens desquelles il vit; mais ces espaces desséchés sont en général peu étendus et sont limités par des nervures; ils n'occupent pas toute la superficie de la feuille.

» Quand, comme en 1878, le mal est très intense, on peut constater des feuilles complètement envahies par le *Peronospora*. Elles ne présentent pas alors un duvet dense et serré sur toute leur surface, comme cela se voit chez le *P. Plantaginis,* où le parasite se rencontre le plus souvent sous cette forme, mais seulement des filaments épars, parfois isolés, visibles à l'œil nu et surtout à la loupe; ils sont solitaires et d'ordinaire très élevés. La teinte générale de la feuille est beaucoup plus pâle.

» Les feuilles extérieures seules montrent ces filaments; les plus intérieures n'en offrent pas encore, quoiqu'elles en contiennent déjà le mycélium dans tout leur parenchyme. Si la plante n'a pas été touchée, on peut voir, en dehors des feuilles vertes, un certain nombre d'autres déjà desséchées et brunies. Dans ces conditions, on peut presque affirmer que la plante entière est occupée par le parasite.

» On connaît des espèces qui peuvent être envahies d'une manière presque complète par un *Peronospora;* il en est deux surtout, parmi celles que j'ai pu observer et recueillir assez souvent, qui sont attaquées de la base au sommet et couvertes de haut en bas de filaments conidiophores : c'est le pavot des champs (*Papaver Argemone, Rhœas,* etc.) et la tanaisie (*Tanacetum vulgare*). Ici les feuilles inférieures ne recouvrent pas le bourgeon terminal comme dans la laitue, où cette protection ne permet la fructification du *Peronospora* que sur les parties extérieures, de sorte que les efflorescences conidifères se produisent dans presque tous les points; la tige ainsi atteinte est vouée à une stérilité certaine; elle est le plus souvent frappée de mort.

» Il n'était pas sans intérêt de signaler ce fait au point de vue spécial qui nous occupe; il y a, en effet, entre la laitue proprement dite et la romaine des différences très sensibles dans la forme et la disposition des feuilles. Dans la laitue, les feuilles les plus extérieures sont étalées : elles ne le sont pas dans la romaine. Il est bon de signaler également, toujours dans le même ordre d'idées, les heureux effets que peut produire la pratique de lier ces plantes pour les empêcher de monter à graine. On conçoit que la feuille extérieure est ainsi une organe de protection contre les spores venues de l'extérieur et contre la fructification du mycélium.

» *Second mode de fructification du parasite; spores dormantes ou oospores.* — Les arbuscules conidiophores qui sortent par les stomates constituent la première forme de fructification et la plus précoce; c'est celle qui se montre à l'extérieur et sert à répandre au loin les ravages de l'espèce; mais il en existe une autre qui est beaucoup plus redoutable, plus difficile à observer, et qui est interne.

» C'est dans les parties desséchées des plantes, c'est-à-dire dans les points où le parasite a proliféré en abondance et a épuisé la réserve nutritive locale ([1]), que se trouve le second mode de reproduction. Il est constitué par des spores brunes à membrane épaisse, nées à la suite d'un acte fécondateur; elles ont été signalées il y a déjà longtemps par M. Tulasne, puis étudiées avec soin et figurées par M. de Bary dans son remarquable Mémoire, cité déjà plusieurs fois.

» Ces spores de seconde sorte, qui sont assimilées aux œufs des animaux et sont souvent désignées sous le nom d'*oospores*, ne germent pas aussitôt qu'elles sont mûres; elles ont la faculté de germer, même après de longues périodes de temps, et de traverser les conditions les plus défavorables à l'espèce qu'elles contiennent en germe; elles doivent, dans tous les cas, subir un long temps de repos avant d'entrer en végétation; elles conservent le parasite pendant les froids de l'hiver et la sécheresse de l'été; elles n'ont besoin pour se développer, en dehors de toute plante vivante, que d'un peu d'eau et de chaleur; de leur intérieur s'échappent *sans doute* alors des arbuscules conidiophores dont les spores vont trouver, avec l'aide du vent, les parties jeunes des plantes, et y déposent le germe du *Peronospora*. C'est du moins ce que la comparaison avec les autres champignons nous permet de conclure. L'*oospore* est pour le *Peronospora* ce que la graine est pour la plante. Le végétal phanérogame et son parasite subissent séparément une période de repos, à la fin de laquelle le second court grand risque d'être privé de lignée; mais la multiplicité des germes issus d'une seule semence compense les conditions défavorables et le hasard d'une germination destinée à devenir féconde.

» Ces oospores sont disséminées dans le tissu bruni de la plante, aux points où il est frappé de mort; il y a des espèces où les oospores se rencontrent aisément; je n'ai point été aussi heureux sur la laitue, où je ne les ai point trouvées. Dans le *P. gangliiformis*, M. de Bary les a rencontrées seulement sur le *Senecio vulgaris* et non sur les autres espèces, qu'il a cependant observées en nombre notable. Mes recherches ont porté sur des échantillons récoltés à des époques diverses dans les jardins maraîchers, mais

---

([1]) C'est un fait général chez les Mucorinées, Saprolégniées (et Péronosporées) et Chytridinées; la fructification sexuée qui ferme le cycle de la végétation se produit lorsque le substratum, d'abord chargé de principes nutritifs, s'épuise ou se dessèche. (Voir *Bulletin de la Société botanique de France*, séance du 14 janvier 1876, p. 13-14, où j'ai déjà indiqué ce fait.)

sans aucun succès; peut-être faudrait-il faire de cela une étude spéciale et réitérée.

» Suivant les plantes, le lieu d'élection des fructifications sexuées peut varier beaucoup; c'est ainsi que sur le *Sherardia arvensis,* plante communément attaquée pendant l'été, à Paris et aux environs, par le *Peronospora calotheca* ([1]), j'ai plus d'une fois cherché les oospores, si communes à la base de la tige sur le *Galium Aparine,* mais sans les trouver, et M. de Bary dit les avoir cherchées infructueusement sur cette plante; je les ai rencontrées abondamment sur les organes floraux, où elles sont nombreuses, *et non ailleurs.* C'est également sur des organes semblables que j'ai trouvé celles du *P. Euphorbiæ* Fukel ([2]), de l'*Euphorbia sylvatica,* que M. de Bary n'a pas observées.

» La recherche et la découverte des oospores est donc chose fort délicate, et l'on excusera les insuccès des observateurs. Nous devons nous tenir particulièrement en garde contre cette forme du parasite; les conséquences qu'elle peut entraîner sont fort à craindre.

» Nous avons vu que les faits négatifs sont souvent complétés par des observations ultérieures, et l'on pourrait en citer vingt exemples. Il est très légitime et de la plus vulgaire prudence d'admettre que les laitues renferment ces oospores comme les autres plantes; si nous ne les rencontrons pas toujours et à point nommé, comme dans les *Cystopus Portulacæ* (*Portulaca oleracea*) et *C. Bliti* (*Amarantus Blitum*), c'est que nous ne savons pas où les trouver ou que nous ne choisissons pas une bonne époque; nous n'en devons pas moins tenir leur existence pour certaine.

Second mode d'altération des laitues sous l'influence du P. gangliiformis; *effets spéciaux.* — Il est évident que l'absorption du protoplasma et des matières nutritives par les filaments du parasite, déterminant la mort de certaines portions des feuilles, produit un arrêt considérable dans le développement et l'accroissement de la plante; mais ce n'est pas ce qui le rend redoutable aux yeux des maraîchers, c'est une altération d'une autre nature.

([1]) Cette plante se trouve partout dans cet état aux environs de Paris; je l'avais déjà observée dans les pelouses de la capitale depuis longtemps, et dès 1865 dans les gazons de l'École Normale où je l'ai revue attaquée chaque année jusqu'en 1873.

([2]) Cette espèce est différente du *P. Cyparissiæ* de Bary, qui paraît bien distincte du précédent, comme l'indique M. de Bary; elle n'est pas commune près de Paris; je la trouve notamment à Fontainebleau tous les ans, *au printemps.*

» Suivant les cas, le mal produit est fort différent sur les laitues. Voici ce qui se produit, et qui est peu connu d'ordinaire et peu commun chez les plantes attaquées par ces *Peronospora* : c'est une modification très particulière due à la constitution de la plante, dont les tissus contiennent beaucoup d'eau.

» Avant d'être mises en vente, les laitues sont coupées au niveau du sol; on les *lave* pour enlever la terre ou la boue qui pourrait les souiller, on arrache les feuilles les plus extérieures et on porte au marché les plantes ainsi préparées. Le champignon, s'il existe dans la plante, continue cependant à vivre et à se développer. Pendant l'hiver et pendant l'été, l'effet produit est totalement différent.

» Pendant l'été, les feuilles extérieures se couvrent de nouveaux flocons de *Peronospora*, mais cela est sans importance; on évite en général la dessiccation qui fait flétrir les feuilles et donne un aspect fané au pied de laitue.

» Pendant l'hiver, au contraire, si la plante est fortement attaquée et est conservée un peu longtemps, un changement profond se produit : tandis que les feuilles extérieures peuvent se dessécher plus ou moins complètement, celles qui sont immédiatement au-dessous d'elles s'altèrent profondément; le tissu perd sa turgescence et se résout en une bouillie d'un brun verdâtre, comme s'il avait été soumis à l'ébullition dans l'eau.

» L'étude anatomique explique en partie cette différence dans les altérations dont ces feuilles sont le siège. Dans le premier cas, les filaments mycéliaux sont réunis en grand nombre sur un petit espace, émettent un nombre considérable de filaments conidifères; ces filaments produisent des spores innombrables; ces causes réunies épuisent le tissu, le font périr et le dessèchent avant que le *Peronospora* ait pu s'étendre au loin; le parasite s'affame lui-même et se frappe de mort par sa trop grande exubérance [1]. Dans le second cas, le parasite, qui a pu se développer dans d'autres conditions, s'est étendu sans tuer le tissu qui le nourrit; il fructifie sur toute la surface de la feuille, qu'il épuise d'une manière successive; il la fait périr tout d'un coup sans la dessécher. Le ramollissement du tissu est une conséquence de la mort des cellules; on sait, en outre, que les cellules des tissus gorgés d'eau ne laissent pas, tant qu'elles sont vivantes, filtrer cette eau,

---

[1] Dans mes cultures de *Rhystima*, de *Podisoma* (*P. Sabinæ*, *P. clavariæforme*, etc.), j'ai souvent vu des feuilles ou des bourgeons tués partiellement par l'accumulation d'une trop grande quantité de spores ou de filaments au même endroit. L'organe se desséchait en ce point et le parasite ne s'y développait pas.

cause de leur turgescence; une fois qu'elles sont mortes, l'eau s'échappe et la turgescence disparaît. Mais il y a plus : si la quantité d'eau qui a quitté les cellules est assez considérable, non seulement le tissu devient flasque, mais les méats sont imbibés par cette eau; il prend l'apparence d'un tissu tué par ébullition. Cette altération spéciale ne peut se montrer que sur les feuilles très riches en eau, les organes herbacés ou très jeunes ([1]) : on sait que cette constitution particulière est la cause pour laquelle les laitues sont recherchées comme aliment. Cette explication est exacte et l'expérience la vérifie en dehors de la saison froide.

» Sur deux plantes adultes que M. Duvillard avait bien voulu, durant l'été, mettre à ma disposition, ce fait a pu être reproduit; nous avons choisi ensemble, au milieu de ses cultures, deux individus fortement attaqués; il les fit arracher avec soin et immédiatement placer avec la terre dans deux vases à fleurs, un peu étroits peut-être, mais suffisamment grands, et me les envoya; on voit qu'un certain nombre des racines avaient dû être coupées.

» Ces plantes furent conservées quelques jours dans une petite serre que j'ai fait construire pour des études de ce genre; elles continuèrent à bien végéter et leurs feuilles extérieures ne se détruisirent pas.

» Après une dizaine de jours, elles furent presque entièrement privées d'eau et mises dehors pour étudier l'influence de la chaleur sur le développement du parasite : les feuilles extérieures se desséchèrent entièrement. On aurait pu croire que la plante était destinée à se dessécher complètement elle-même : il n'en fut rien. Au-dessous de ces parties sèches, les feuilles plus intérieures, entièrement traitées à l'évaporation, subirent la modification humide; il faut donc attribuer au parasite et non au froid ou à une putréfaction ordinaire par excès d'eau cette destruction spéciale des tissus. On trouvera, dans la seconde Partie de ce travail, une série de particularités qui permettent d'y rattacher des faits de même ordre, d'en donner une explication plus précise et de la relier à d'autres expériences.

» Au point de vue commercial cette altération est désastreuse. Ce n'est pas la culture d'été qui procure les bénéfices les plus avantageux; une branche importante du commerce parisien expédie les primeurs à l'étranger.

» Les laitues cultivées par les maraîchers habiles et industrieux sont envoyées ainsi, pendant l'hiver et au printemps, dans les directions les plus

---

([1]) La gelée ou plutôt le dégel produit des effets semblables; on sait, d'ailleurs, que le liquide exsudé par les pommes de terre gelées ne contient pas d'amidon; il a filtré au travers des parois cellulaires.

diverses (Angleterre, Hollande, Allemagne, etc.). Celles qui sont attaquées par le *Peronospora gangliiformis* et qui ont le *Meunier* ne peuvent supporter la durée du voyage; elles ont au départ une belle apparence, semblent fraîches et en bel état; à l'arrivée, elles présentent l'altération citée plus haut.

» Chez plusieurs d'entre elles, qu'on ne sait comment éliminer à l'avance, un certain nombre de feuilles tombent en putrilage et donnent à la plante un aspect repoussant. Les primeurs, dans cette saison, se payent fort cher; les frais de transport sont considérables, et l'on est tenu de les fournir en excellent état. On est tenté, à l'arrivée, d'attribuer cette altération à un emballage imparfait (¹) ou à la mauvaise qualité de la plante au départ : il n'en est rien. Quoique les parties plus intérieures ne soient pas altérées, mais saines et utilisables sans danger, la marchandise est considérée comme avariée, et on la refuse.

» Depuis plusieurs années, la maladie des laitues a causé ainsi des pertes énormes. Les maraîchers s'en sont émus; les plus intelligents et les plus studieux ont essayé de se rendre compte des faits; ils ont très bien reconnu le champignon et le considèrent comme la cause effective, comme l'origine de la maladie du *Meunier*.

» Cette affection paraissant se généraliser, on a voulu y voir la conséquence d'un sol mal approprié à ces cultures, de fumiers mal choisis, etc. J'ai eu connaissance indirecte de quelques essais; on a, sans succès, essayé de changer les conditions ordinaires de culture.

» C'est à la suite de pertes sérieuses que se fonda le Comité dont il a été question plus haut, dont les membres ont dû abandonner, en grande partie, la branche lucrative du commerce des primeurs.

» J'ai tâché de faire connaître quelques détails sur la végétation du parasite; il est possible désormais d'indiquer sur quelles données on pourra se fonder pour essayer de le combattre.

(¹) On pourrait, à cause de la saison, être porté à considérer ce résultat comme dû à la gelée : les faits cités plus haut sont formellement contraires à cette explication. Les expériences furent faites au mois de juillet, à Paris, par un temps très chaud.

SECONDE PARTIE.

Essais en vue de lutter contre les Péronosporées ([1]).

» Dans la lutte contre le *Peronospora gangliiformis*, on peut essayer d'utiliser deux ordres de considérations : les unes tirées de la nature du parasite, de son histoire; les autres de la plante et de sa culture. Les premières sont générales et pourront probablement être appliquées dans un cas analogue; la discussion des autres peut indiquer des recherches à poursuivre dans un cas particulier différent. C'est là que réside l'intérêt d'une pareille étude.

» On n'ignore pas que la Pomme de terre et la Tomate sont attaquées par le *Peronospora infestans*, qui produit des dégâts considérables. Pour la première de ces plantes, on fuit devant le parasite, qui apparaît tardivement en juin et juillet, par le moyen de cultures hâtives; pour la seconde, on est désarmé sous notre climat déjà froid, et la culture des tomates a, par contre-coup, subi, dans ces temps derniers, de rudes atteintes; dans bien des localités des environs de Paris, selon M. Carrière, on a été obligé d'abandonner cet excellent légume. On conçoit aisément que, si l'histoire du parasite est la même dans les deux cas, les effets produits par le même champignon se trouvent être fort différents; ajoutons en outre que dans l'un on récolte le fruit, dans l'autre le tubercule; la culture est très dissemblable et se fait dans des conditions qui n'ont guère d'analogie, bien que les deux plantes constituent deux espèces d'un même genre (*Solanum tuberosum* et *S. lycopersicum*).

» L'importance extrême du cas particulier à examiner se révèle donc : c'est dans l'examen des conditions précises de la culture que se trouveront peut-être, pour les cultivateurs, des faits spéciaux qui permettront de lutter ou du moins de se défendre.

» Il est bon, d'ailleurs, que l'attention des praticiens soit appelée sur des recherches de cet ordre; il est possible que d'autres maladies éveillent brusquement l'intérêt public sur un sujet semblable, à propos de cultures autrement importantes, et un effort, quel qu'il soit, dirigé contre une catégorie de parasites aussi redoutables ne peut être inutile. Il suffira de citer encore une fois l'affection qui menace la vigne [*P. viticola* (Berk. et Cur-

---

([1]) Un résumé succinct de cette seconde Partie a été soumis à l'Académie des Sciences et lu dans la séance du 9 décembre 1878.

tis)], et sur laquelle j'insiste de nouveau; un jour ou l'autre elle envahira nos vignobles déjà dévastés ([1]). Quant aux horticulteurs, ils recevront la visite du *P. sparsa* Berk., qui a ravagé les pépinières de rosiers en Allemagne, comme il les avait ravagées en Angleterre plusieurs années auparavant.

A. — *Considérations générales pouvant s'appliquer à beaucoup d'affections produites par des* Peronospora, *soit d'une manière directe, soit d'une manière détournée.*

» Il paraît préférable de présenter ces considérations sous forme de conseils théoriques. Dans le cas particulier des Laitues, il s'agit principalement de protéger les cultures d'hiver, faites sous châssis; mais on peut essayer, sans perdre de vue ce but spécial, de conserver la généralité : les conseils s'appliqueront facilement aux cultures de l'été. Cette première part a pour but spécial d'*empêcher soit l'extension, soit même la production locale du parasite.*

» Les prescriptions auraient pour effet d'obtenir des cultures saines et de les protéger contre l'invasion des germes apportés sur les plantes par des causes diverses. Ce problème, que M. Pasteur a résolu si heureusement pour la maladie des vers à soie, se pose ici et pourrait être en partie résolu, pour les maladies diverses des plantes, à l'aide des recommandations qui suivent.

» 1° *Noter la période d'existence du parasite.*

» Certains *Peronospora* sont précoces (*P. Cyparissiæ, P. Viciæ*); on devra tenter de retarder les cultures jusqu'à leur disparition; le *P. Viciæ*, si commun sur les *Ervum* de nos haies, paraît rare sur le *Pisum sativum*, où l'*Erysiphe communis* est fort abondant; les autres sont tardifs (*P. infestans*). Il faudra tâcher de terminer les cultures avant leur apparition; c'est ce qu'on fait pour les pommes de terre, mais qu'on ne peut employer pour les tomates, sous notre climat. Suivant les régions, les conditions et les époques pourront changer; on cultivera des variétés différentes facilitant cette avance ou ce retard, ou différemment sensibles à l'action du parasite.

» 2° *Les plantes entièrement attaquées devront être supprimées.*

» Elles sont souvent chétives, destinées à le demeurer forcément et à le

---

([1]) L'existence de ce *Peronospora* a été depuis signalée en divers points de la France par M. Planchon (*Comptes rendus*, séance du 6 octobre 1879).

devenir si elles ne le sont déjà. Elles sont en général pâles et décolorées; leur teinte n'est pas celle de l'étiolement, et le cultivateur reconnaîtra aisément une plante souffrante. Les feuilles présentent çà et là des houppes conidifères de *Peronospora*, blanches ou violacées suivant les espèces, tantôt très denses [*P. alta* (plantain)], tantôt au contraire clair-semées (*P. gangliiformis*); les premières sont visibles à la vue simple; les pousses de luzerne sont rendues grises par le *P. Trifoliorum*; celles du *Tanacetum vulgare* sont blanches au contraire sous le duvet du *P. leptosperma*, comme les pavots attaqués par le *P. Papaveris*. Les autres exigent souvent l'emploi de la loupe, avec laquelle il sera bon d'être familiarisé. Dans ces deux cas, la plante pousse mal et les feuilles n'ont pas l'apparence ordinaire.

» Quant au *Lactuca sativa*, il y a des différences si considérables entre la laitue proprement dite et la romaine, qu'il est impossible de décrire les modifications subies sans s'étendre d'une manière très longue et qui est d'ailleurs sans intérêt. On peut cependant dire qu'en général la plante est pâlie, allongée et comme amaigrie. Les pavots des champs, les plantains, la luzerne, la tanaisie, cités plus haut, offrent des changements analogues.

» 3° *Il faut enlever sur les plantes partiellement saines les feuilles qui présentent des taches de Peronospora.*

» Ces taches sont soit encore vertes et couvertes d'un duvet blanc, situé en général à la face inférieure de la feuille, soit déjà brunies et desséchées; dans ce dernier cas, le duvet est, malgré cela, encore visible.

» Quand la feuille est complètement envahie, les houppes sont bien plus clair-semées; mais la plante est souvent occupée tout entière, les feuilles qui paraissent saines ne le seront plus après quelques jours, et tout doit être enlevé.

» Si l'on a le choix et le loisir, il est bon que ce soit par un temps sec et froid, et, de plus, calme s'il est possible. Les temps chauds et humides sont très favorables à la germination des spores que le vent peut soulever et porter au loin. S'il s'agit de cultures sous châssis, on devra, pour éviter la contagion, fermer tous les châssis, en dehors de celui qu'on ouvre; si l'on opère en plein air, on devra éviter la période du jour où la rosée subsiste encore et n'est pas évaporée; la rosée est à craindre au même titre que la pluie. Les spores, entraînées par le vent, se déposent sur les feuilles; l'eau aidant, elles peuvent être entraînées dans les replis des feuilles ou bien se fixer, germer sur place et pénétrer dans la plante.

» Il ne faut pas qu'en agitant les feuilles chargées de spores l'opérateur vienne en aide à la dissémination du *Peronospora*.

» 4° *Il est nécessaire de détruire avec soin et jusqu'à la dernière*, dans les endroits en culture, *les mauvaises herbes qui pourraient porter le même parasite.*

» Dans le cas particulier des laitues, on devra rechercher principalement les seneçons et les laiterons, si communs dans les terres remuées et cultivées; c'est à ces plantes qu'on doit, dans beaucoup de cas, attribuer le premier germe de la maladie; elles sont le plus souvent couvertes de *Peronospora gangliiformis.*

» Cette destruction doit s'étendre aux individus mal venus ou malades, croissant en dehors des carrés et qu'on laisse souvent mourir sur pied, aux laitues abandonnées qui auraient poussé sur l'emplacement d'anciennes cultures; elle doit s'étendre à toutes les herbes de la même famille, dans tout l'enclos et, s'il est possible, au delà de cette limite jusqu'à la distance la plus considérable. On ne saurait y apporter trop de vigilance et trop de soin ; un seul pied oublié suffirait pour infecter les carrés les plus beaux et les plus sains jusque-là.

» On ne doit pas oublier que les chicorées et les artichauts sont des plantes de la même famille que la laitue, et qu'ils sont attaqués également par le *P. gangliiformis;* il faudra donc les surveiller avec le plus grand soin et leur appliquer le même traitement qu'aux laitues.

» Cependant, pour les artichauts, il y a une difficulté de plus : le duvet des feuilles cache le parasite aux yeux non exercés; il faudra donc un très grand soin pour discerner les feuilles malades des feuilles saines ; le mieux serait, dans ce cas, de cesser cette culture; comme la plante reste en place plusieurs années, on pourrait envelopper ces feuilles, l'hiver et le printemps principalement, avec de la paille, d'une manière aussi complète que possible. Ce moyen serait d'ailleurs, sans doute, d'un effet médiocre. On doit considérer la présence des artichauts comme un obstacle de premier ordre à la culture des laitues saines; ils constituent un véritable foyer d'infection pour elles.

» 5° *Toutes les plantes ou portions de plantes présentant des flocons de* Peronospora *devront être enlevées complètement.*

» Il ne faut pas se contenter d'arracher les plantes, de retrancher les feuilles pour les abandonner ensuite sur la terre, comme on le fait souvent. La plante est morte, dira-t-on, la feuille isolée ne peut vivre longtemps. Dans ces conditions, cependant, les feuilles peuvent parfois vivre encore plusieurs jours. Il y a plus, sous l'influence de l'humidité du sol, elles peuvent donner naissance à des filaments conidifères nouveaux et produire ainsi de nouvelles spores; détachées et à moitié mortes, elles remplissent encore leur funeste mission. Chez les plantes arrachées, la vie subsiste bien plus longtemps encore.

» Quand on place sous cloche des feuilles ou des pousses contenant le mycélium d'un *Peronospora* [*P. calotheca* (*Galium*), *P. Stellariæ* (mouron des oiseaux), etc.], les filaments ne tardent pas, dans l'air humide, à sortir par les stomates et à fructifier au dehors. Les *Peronospora* récoltés par un temps sec sont, après un séjour de plusieurs heures dans la boîte métallique de Dillenius ou dans des flacons, chargés d'une bien plus grande quantité de spores. Je rappelle ce fait parce qu'il a ici une importance capitale.

» J'ai conservé les rosettes de l'*Erigeron Canadense* chargée de *P. Basidiophora* (*Basidiophora entospora* Roze et Cornu) pendant près de deux semaines : les conidies donnaient encore après ce temps de nombreuses zoospores. Pour le *P. gangliiformis*, j'ai observé le même fait. Dans la nature, il peut se passer des choses semblables; les feuilles coupées et jetées sur le sol ne sont pas frappées immédiatement de mort. On trouvera d'ailleurs, plus loin, des détails qui se rapportent exactement aux conditions énoncées ici.

» Les feuilles déjà desséchées devront être également recueillies; dans leur tissu peuvent se trouver les spores dormantes qu'il ne faut pas abandonner sur le sol : elles constituent un danger très grave pour les cultures ultérieures.

» 6° *Les plantes ou portions de plantes attaquées par le parasite devront être mises immédiatement hors d'état de nuire* aussitôt après avoir été arrachées.

» On peut les plonger au fur et à mesure de l'opération dans un seau ou un baquet contenant un liquide destiné à tuer les spores, par exemple du chlorure de chaux ou des sulfures solubles. On doit éviter l'eau pure; cette eau, où sont délayées les spores non frappées de mort, constituerait un danger grave de contamination; chaque goutte qui mouillerait les plantes pourrait leur communiquer la maladie qu'on veut éviter ou conjurer.

» 7° *Toutes les plantes ou portions de plantes attaquées par le parasite devront être détruites entièrement.*

» Dans beaucoup de jardins on accumule en tas les débris du jardin, feuilles sèches, plantes arrachées, etc., et l'on réunit le tout en forme de meule; on y ajoute souvent du fumier. Cette meule se convertit lentement en un engrais et peut, après une année, être employée avec un très grand succès dans les cultures maraîchères. Cet usage doit être absolument abandonné.

» Que les praticiens ne se récrient pas; la plus vulgaire prudence prescrit cette mesure si l'on ne veut pas être envahi par le *Peronospora gangliiformis*.

» Les mauvaises herbes, les feuilles altérées des laitues malades devront être détruites entièrement; si l'on cherchait à les utiliser comme il a été dit, on courrait risque de conserver dans le terreau les spores dormantes du *Peronospora*. Ces spores, résistant aux agents de destruction qui décomposent le tissu des feuilles, ne germent qu'après un long temps de repos; elles émettent de nouvelles conidies quand les conditions de chaleur et d'humidité sont réunies; pour cela, elles n'ont pas besoin d'émettre de mycélium et de s'implanter sur un végétal vivant.

» Le terreau serait donc une source de contamination au même titre que les plantes ou parties de plantes ayant concouru à le former.

» Pour les mêmes raisons, il serait très imprudent de donner les plantes ou les feuilles malades en nourriture aux animaux domestiques (lapins, moutons, vaches, chevaux), quoique cela puisse paraître une bonne solution : les oospores ne seraient pas détruites pour cela; leur vitalité est très grande et ne recevrait aucune atteinte; on les répandrait avec le fumier, qui serait ainsi un danger de plus pour les cultures.

» En appliquant ces recommandations dans le rayon accessible au cultivateur, on arriverait d'une part à neutraliser les causes d'infection dans la période où se pratique la culture la plus importante, d'autre part à éviter la contamination dans l'avenir.

» Cependant il paraît impossible de se prémunir contre la contamination produite par les spores charriées par le vent et venant de chez les cultivateurs moins soigneux. Cela est vrai en thèse générale; mais, si l'on considère la question spéciale des laitues cultivées pour les primeurs, on se convaincra que ce danger est bien moindre que celui qui vient du sol lui-même, car les plantes sont élevées sous des châssis où le vent n'a pas toujours accès. Cette question sera spécialement étudiée plus loin.

» Malgré les précautions prises, il se peut qu'on échoue et que le *Peronospora* se montre sur plusieurs points. On ne doit pas oublier que, chez la plupart des maraîchers, les spores dormantes occupent probablement, en grand nombre, une partie de la masse du sol. Elles se trouvent à la place où étaient, antérieurement, les laitues, les artichauts et les mauvaises herbes dont on a laissé pourrir les débris. Ces spores peuvent avoir été enterrées depuis plusieurs années par les façons culturales; elles se conservent dans la terre comme les autres graines, les spores des algues, des mousses, etc. (¹).

» Il est possible que les premières opérations faites dans le sens indiqué plus haut ne produisent pas un résultat complet; pendant plusieurs années même, on doit craindre qu'il n'en soit ainsi. Mais il ne faut pas se désespérer pour cela; on trouvera plus loin des prescriptions spéciales pour se garantir de cet effet.

» On ne saurait trop répéter que la germination des oospores en plein air a lieu généralement au printemps, par un temps doux; c'est quatre ou cinq jours après l'inoculation que se montrent les nouvelles taches; on devra se tenir sur ses gardes, surtout vers cette époque, et prendre un grand nombre de précautions.

» On s'étonnera peut-être qu'à propos du parasite je n'aie pas cherché, de prime abord, à agiter la question d'un traitement proprement dit, dirigé contre le *Peronospora*. Doit-on tenter d'agir sur lui par une méthode semblable à celle qui fut indiquée contre l'*oïdium* par M. Duchartre et qui est aujourd'hui d'un emploi si général, le *soufrage*. M. Duchartre serait d'avis, encore cette fois, d'essayer le soufre (¹).

(¹) A la fin de l'année 1879, M. Duvillard a dû déplacer ses cultures à la suite d'un tracé d'expropriation; dans un sol nouveau, le *Peronospora* n'a pas paru pendant la campagne 1880-1881, tandis que, chez ses collègues, le *Meunier* a continué ses ravages, un peu atténués cependant par la sécheresse du sol.

Dans un petit jardin que j'ai loué dans Paris, le parasite ne s'est pas montré sur les laitues cultivées en 1880, quoique le plant vînt de chez un des maraîchers très atteints par le *Meunier*. A l'automne et au printemps, le *P. parasitica* a envahi les feuilles inférieures des choux qui y ont été cultivés en assez grande abondance avec d'autres crucifères.

Le *Phytophthora infestans* fut très luxuriant sur plusieurs variétés de pommes de terre, ainsi que sur plusieurs espèces et variétés de tomates, à gros et à petits fruits, sphériques ou piriformes.

Il est évident que dans ce jardin la culture des laitues pour primeurs aurait parfaitement réussi, comme dans les nouvelles couches de M. Duvillard : la nécessité d'un terrain exempt de germes, indiquée par la théorie, est donc démontrée ainsi par l'expérience. (*Note ajoutée pendant l'impression.*)

(¹) Depuis que ce passage a été écrit, MM. Curé et Duvillard ont reconnu que le soufre ne produisait pas d'effet. MM. Bergeret et Moreau ont proposé l'emploi de liquides spéciaux : solutions de borax et acide azotique très dilué. (*Comptes rendus*, t. LXXX, p. 429; 1879).

» Peut-être obtiendrait-on quelques résultats avec les vapeurs sulfureuses. On pourrait tenter de déposer dans un coin du châssis des sulfures donnant un dégagement lent soit d'acide sulfhydrique ou d'un composé semblable, soit d'acide sulfureux (sulfures alcalins ou sulfhydrate d'ammoniaque, pyrite blanche, etc.).

» Il y a ici une difficulté assez grande : le champignon est interne; les organes de fructification précoce seuls sont externes; il est donc mieux protégé que l'*oïdium*. Cependant, dans sa constitution intime se trouve un point faible : il est formé par un tube diversement ramifié, mais *à cavité continue*, non interrompue par des cloisons; si un point est frappé de mort ou même devient souffrant, toutes les ramifications sont plus ou moins atteintes d'une manière indirecte. Les espèces constituées ainsi sont bien plus délicates que les autres, où des cloisons nombreuses circonscrivent le mal, arrêtent et limitent les altérations. Chez ces dernières, un article quelconque compris entre deux cloisons peut être souvent supprimé sans que le reste de l'être paraisse en souffrir. Chez les végétaux dépourvus de cloisons, au contraire (*Saprolegnia, Vaucheria*), une blessure, une altération, si faible quelle soit, peut retentir souvent à une grande distance.

» Les agents toxiques mériteraient donc d'être essayés; leur action, partant de l'extérieur, pourrait ainsi atteindre les parties profondes.

» Cependant, il m'a paru plus pratique de tuer à la fois la portion de plante attaquée et le parasite qu'elle nourrit; c'est cette idée que je présente comme nouvelle et capable d'être utilisée, non sans quelque succès peut-être. C'est au développement de ce point spécial que seront consacrées une partie des pages qui vont suivre.

B. — *Particularités fournies par la plante et par sa culture.*

» Les opérations dont il vient d'être question et les précautions recommandées ne constituent rien de trop excessif; quoique la main-d'œuvre soit chère et le temps précieux, on pourrait, ce semble, s'y conformer, surtout dans le cas des cultures rémunératrices et spéciales. Les résultats obtenus seraient vraisemblablement, par ce moyen seul, très notables. Il suffit de se représenter avec quelle facilité a lieu la diffusion du parasite dans les circonstances ordinaires, au milieu d'individus cultivés en groupes compactes sur une grande étendue. On arrive aisément à supposer que le *Peronospora* n'est pas loin de produire le maximum d'effet dont il est capable dans les conditions où il se trouve.

» Dans le cas spécial qui nous occupe, et que nous examinerons ici en détail, les altérations de l'été, quoique dangereuses pour les laitues et leur croissance, ne sont pas aussi redoutées que celles d'une autre saison. L'intérêt se concentre sur les cultures hâtives des primeurs. L'époque de ces cultures est l'hiver et le printemps; elles ont lieu sous des vitrages et des châssis; elles sont rapidement terminées et ne durent qu'un petit nombre de semaines pour chaque plante.

» La graine est choisie avec soin, les variétés ne sont pas indifférentes. Quand la plante est haute de $0^m,1$ environ, elle est repiquée; elle l'a été *au moins une fois* auparavant; puis on la met en place.

» C'est dans l'endroit où elle se trouve désormais qu'elle devra se développer hâtivement sous l'influence de la chaleur maintenue par le vitrage et entretenue par le soleil ou par le terreau. La terre ordinaire est remplacée par un sol artificiel formé de terreau et de fumier, où une température douce et tiède s'établit aisément, ainsi qu'on le sait; les châssis sont entourés de tous les côtés et protégés, autant que possible, du refroidissement.

» Tel est l'ensemble des conditions très particulières de la culture des laitues pour primeurs.

» En résumé : 1° la plante est annuelle et provient de semis; 2° on la repique; 3° elle est cultivée l'hiver et le printemps; 4° sous châssis; 5° elle est plantée dans un terreau particulier et très nutritif; 6° la culture est très rapide.

» On peut tirer parti de ces conditions pour mettre la plante à l'abri du *Peronospora*. Cette portion du présent travail a pour but de :

» *Protéger les plantes contre les spores; frapper de mort les parties atteintes.*

» Les recommandations correspondent à chacune des particularités énoncées plus haut; quoiqu'elles aient rapport à une plante déterminée et à des conditions très spéciales, on trouvera cependant des faits généraux. Les pages suivantes essayent de montrer comment on pourrait tirer parti d'un cas déterminé; dans chaque sca il faudrait faire une analyse semblable.

» 1° *La plante est annuelle et provient de semis. La graine doit être débarrassée des impuretés* qui l'accompagnent et peuvent receler des spores dormantes; pour éviter cette opération, ou mieux, sans la supprimer, pour plus de sûreté, il serait bon que la graine eût été récoltée sur un individu sain autant que possible. Sans doute il n'est pas démontré que les oospores puissent occuper les enveloppes de la graine ; il est préférable cependant de se mettre en garde contre une cause d'inoculation pouvant s'exercer au premier début de la vie de la plante.

» La germination est obtenue sous de larges cloches. Il est remarquable que le plus souvent tous les individus germés sont *tous* ou sains ou contaminés. S'ils sont contaminés, il faut se hâter de les détruire tous *immédiatement* sans les laisser se développer davantage et charger l'air de leurs spores.

» 2° *La plante est repiquée,* c'est-à-dire qu'on l'arrache du sol avec précaution pour la replanter dans un autre endroit; ceci se reproduit une ou plusieurs fois.

» Il faudra ne faire profiter de cette opération que les individus ne présentant pas de feuilles déjà atteintes du *Peronospora* ou n'en présentant plus; le contrôle doit être, au début, excessivement sévère. *Cette opération, en elle-même, produit de bons résultats contre le parasite.*

» En effet, quand on transplante un végétal attaqué par un champignon parasite, il est rare que ce champignon subsiste entièrement; d'ordinaire, avant et pendant la reprise du végétal, les feuilles atteintes, les pousses malades s'affaiblissent de plus en plus et périssent. J'ai essayé depuis plusieurs années de cultiver un certain nombre de champignons entophytes, appartenant à des groupes divers, en récoltant dans la nature la plante envahie par ces entophytes, et je n'ai obtenu que de très rares succès.

» Qu'il s'agît d'Urédinées, d'Ustilaginées, d'Ascomycètes, de Péronosporées (*Cystopus, Peronospora*), etc., le résultat fut presque toujours le même; que l'opération fût faite par moi ou par le personnel exercé du Muséum, elle a la plupart du temps échoué; les parties qui poussent de nouveau sont saines, les autres parties meurent bientôt.

» Je puis citer en particulier des touffes de Graminées (*Bromus, Holcus*), attaquées par de beaux *Uredo*; le *Dactylis glomerata* portant de très jeunes anneaux d'*Epichloe typhina;* le *Glechoma hederacea* chargé de pustules du *Puccinia Glechomæ* ou de taches du *Stigmatea calcea;* l'*Adoxa moschatellina* présentant le *Stigmatea Adoxæ*, l'*Æcidium* ou le *Puccinia Adoxæ*, des Crucifères couvertes de *Cystopus candidus;* des *Galium Aparine* dont les premières feuilles et les cotylédons présentaient le *Peronospora calotheca;* des *Veronica* (*V. hederæfolia* et autres) dans le même état avec le *P. grisea*, le *Stellaria media* avec le *P. Stellariæ*, etc.; la liste pourrait être de beaucoup augmentée. Mon ami M. Roze, mon compagnon et mon premier guide dans cette voie, malgré son habileté reconnue pour les cultures de plantes cryptogames, n'a pas été souvent beaucoup plus heureux; cela ne laisse pas que de décourager un peu quand on consacre son temps à des études semblables. Pour obtenir des plantes vigoureuses, chargées d'un parasite vigoureux lui-même et bien portant, il faut d'abord faire enraciner la plante nourricière, et, lorsqu'elle est en pleine végétation dans les nouvelles conditions, on essaye de lui inoculer le parasite.

» Souvent, quand cette plante nourricière n'a pas été longtemps préparée à l'avance, l'époque de végétation du champignon est terminée; cette époque est souvent très rigoureusement limitée, la plante a des organes trop âgés pour permettre l'introduction des germes : *l'expérience doit être remise à une autre année.* Si l'on veut essayer de procéder par voie de semis, les graines font défaut, germent mal ou sont mauvaises. Il faut s'armer de patience et s'attendre à de nombreux insuccès. Cette digression permet de comprendre combien, dans les conditions ordinaires de travail des cryptogamistes, les recherches de cet ordre sont longues, incertaines et aléatoires, et pourquoi la question si importante des parasites végétaux n'est pas plus avancée.

» M. de Bary, pour arriver à effectuer toutes les expériences qu'il a faites, a dû déployer une application, une activité, une énergie tout à la fois et une patience des plus merveilleuses.

» Il y a cependant des cas où le parasite ne disparaît pas : c'est lorsque la plante nourricière possède un bulbe ou un rhizome, comme l'*Anemone nemorosa* (*Æcidium leucospermum*, *Puccinia Anemones*), le *Ficaria ranunculoides* (*Æcidium Ficariæ*, *Uromyces Ficariæ*); je n'ai cependant pas pu facilement et sans de grandes précautions conserver ni le *P. Ficariæ* ni le *Sphæria Anemones* : quand la plante végète peu activement (*Sempervivum*), le parasite survit aisément à la transplantation (*Endophyllum Sempervivi*).

» Cependant il est possible, pour des plantes de petite taille, de les conserver vivantes avec leur parasite, mais cette opération n'est pas applicable à toutes. Il faut alors enlever une motte de terre assez grande contenant la masse des racines. Dans ce cas, on le voit, c'est un *transport* et non pas une transplantation; quoique le parasite disparaisse souvent (*Æcidium* et *Puccinia Adoxæ*), malgré cela il peut être conservé, et j'ai pu récolter ainsi certains entophytes qui ont continué à vivre ultérieurement. M. B. Verlot a même réussi à transporter un pied de *Stellaria Holostea*, plante très fragile, attaquée par l'*Ustilago antherarum*, à le conserver vivant et toujours envahi par le parasite pendant plusieurs années.

» Cette conservation du parasite, par le moyen du transport de la motte enveloppant les racines, est un fait très important; nous aurons à y revenir à la fin de ce travail.

» La mort des parties attaquées et la destruction consécutive du parasite peuvent s'expliquer de la manière suivante :

» Quand le végétal est replanté, les organes absorbants ne pouvant pas encore fonctionner, les parties jeunes doivent tirer leur nourriture des réserves de la plante. C'est un fait bien connu de Physiologie végétale que dans ce cas les parties les plus anciennes sont épuisées au profit des plus nouvelles. Les feuilles envahies par le parasite, épuisées doublement par l'entophyte et par les besoins de la plante, s'affaiblissent et meurent ainsi rapidement. Ce fait est général; c'est ainsi que s'explique la pourriture des feuilles de laitues par le fait du *Peronospora*.

» Désastreux sur les plantes adultes, ce fait peut être utilisé lorsque la plante est repiquée. Cela est-il possible? cela réussit-il? L'expérience prouve qu'on peut mettre à profit cette indication.

» M. Duvillard eut, pendant l'été de l'année 1878, la complaisance de me déraciner vingt-quatre jeunes plants de laitue, ayant la taille et la force des individus que l'on transplante; ils étaient couverts de *Peronospora* sur leurs feuilles inférieures.

» J'en repiquai dix-neuf immédiatement après, chacun dans un petit pot spécial; ils furent tous placés dans une serre où l'humidité et la température étaient très favorables à la reprise. Toutes les feuilles chargées de *Peronospora* se flétrirent, jonchèrent et noircirent le sol. Les extrémités étaient et demeurèrent saines chez plusieurs d'entre eux, et finalement, le dirai-je, malgré mes efforts, le parasite disparut sur presque tous.

» Je tentai alors de leur inoculer à nouveau le *Peronospora*, et cela réussit assez bien, quoique plusieurs aient fini par périr ensuite, affaiblis doublement par la transplantation et par l'entophyte.

» Les feuilles flétries et tombées sur le sol après le repiquage n'avaient pas été arrachées; elles tenaient encore à la plante, sans rien lui emprunter, puisqu'elles étaient à peu près complètement mortes et déjà très foncées; leur influence n'était cependant pas négligeable. Appliquées sur la terre maintenue très humide et moulées sur elle, elles émirent encore des houppes conidifères chargées de spores. Comme je désirais cultiver le parasite, elles ne furent pas supprimées, mais on conçoit que dans une culture maraîchère il aurait fallu agir autrement. Cela justifie expérimentalement le conseil donné plus haut, dans la première Partie (5°).

» La conclusion pratique de ces faits, développés volontairement avec de longs détails qui seront utilisés ultérieurement, est la suivante : le *repiquage* fait *flétrir les feuilles chargées de Peronospora* qu'on n'aurait pas éliminées précédemment; une fois cette opération effectuée, *on devra enlever avec soin toutes les feuilles qui se flétriront* à la suite de cette opération.

» A un point de vue général, il est évident qu'on peut obtenir par ce moyen la destruction des parasites pénétrant d'abord par les cotylédons (qui sont les premières feuilles étalées et permettent parfois seules cette introduction) pour se répandre ensuite dans la plante tout entière.

» Peut-être faut-il expliquer de cette manière une partie des bons effets produits par le repiquage de certaines plantes. On arriverait à conclure qu'ils sont en partie dus à la suppression de parasites végétaux qui peuvent dans leur premier âge envahir les premières feuilles pour occuper ensuite la plante entière, considérablement affaiblie à la suite.

» On sait que, comme beaucoup de plantes, un certain nombre de Crucifères doivent être repiquées (chou, colza, etc.). Elles sont toutes attaquées par deux Péronosporées parfois associées dans la même plante : l'une est le *Cystopus candidus*, ou rouille blanche des Crucifères; l'autre, parfois associée à la précédente, sans lien génétique cependant, est le *Peronospora parasitica;* cette dernière espèce occupe souvent les mêmes spores sur les tiges renflées et déformées du *Capsella Bursa Pastoris;* elle a été ainsi considérée à tort comme parasite du *Cystopus*, ce qui lui a valu son nom.

» Or, la rouille blanche des Crucifères présente une anomalie fort curieuse. On voit souvent des pieds sains côte à côte avec des pieds couverts de pustules blanches sans que la contagion paraisse se propager; d'un autre côté, cette même espèce inflige parfois des pertes très sérieuses aux cultures. M. de Bary a expliqué complètement ces faits, en apparence contradictoires.

» Le *Cystopus* pénètre par les stomates; mais dans les cotylédons seuls il peut s'accroître et se développer; de là seulement il se répand dans la plante nourricière. Si les cotylédons sont supprimés naturellement ou artificiellement avant que le *Cystopus* ait pu rayonner au loin, la plante est désormais à l'abri de ses attaques.

» L'importance du repiquage se trouve ainsi démontrée d'une manière nouvelle qui se conclut aisément de tout ce qui a été dit jusqu'ici.

» On conçoit que, si une opération culturale supprime régulièrement les organes dans lesquels un parasite s'est tout d'abord fixé sur une jeune plante, cette derni re, débarrassée de son ennemi et placée dans un sol favorable et neuf, poussera avec une nouvelle vigueur. Elle prendra de la force, et si les germes d'un parasite nouveau sont déposés sur elle, elle aura pris de l'avance et résistera facilement, tandis que dans le premier cas elle aurait été successivement envahie par le parasite, s'accroissant simultanément avec elle.

» Le repiquage est donc une sorte de traitement général qui peut produire de très bons effets : il est très efficace contre la rouille blanche des Crucifères; dans ce cas, il doit être exécuté de bonne heure, avant que les cotylédons soient flétris.

» Depuis un petit nombre d'années, une maladie grave attaque les semis de hêtre dans quelques pépinières de l'Allemagne. Cette maladie est déterminée par un *Peronospora* spécial (*P. Fagi*, R. Hartig) qui envahit les cotylédons des jeunes plantes et les fait périr en grand nombre. Pourrait-on rapprocher ce cas du précédent; obtiendrait-on quelques résultats semblables? Peut-être arriverait-on, par le repiquage opéré convenablement, à supprimer le parasite. La chute des cotylédons entraîne une grande partie de la nourriture; on y suppléerait par un sol plus riche, un humus plus nutritif, au besoin par des engrais chimiques appropriés à un terrain spécialement préparé pour la reprise.

» J'émets humblement cette opinion, qui semble être à sa place dans une Note où le traitement contre les Péronosporées est étudié d'une manière un peu théorique : les spécialistes jugeront si l'on peut de cette idée tirer quelque résultat pratique.

» 3° *La plante est cultivée sous châssis l'hiver et le printemps.* On peut encore, dans certaines autres conditions, atteindre les feuilles chargées de *Peronospora* et les faire périr régulièrement.

» Quand l'automne est doux et pluvieux, les cultures laissées en friche se peuplent de jeunes plantes fréquemment attaquées par des champignons parasites, qui n'épargnent point, d'ailleurs, les plantes adultes. Si un hiver doux succède à cette période, on peut observer un grand nombre de maladies diverses sur les plantes adventices ou cultivées; l'hiver de 1868 à 1869 fut, sur les bords de la Loire, particulièrement favorable à ce genre d'études [1]; il en est de même lorsque la température de l'hiver s'adoucit

---

(1) C'est cette année-là que je rencontrai deux Péronosporées nouvelles fort curieuses, étudiées spécialement en collaboration avec M. Roze (*Ann. des Sciences nat.*, 1869) : le *Cystosiphon pythioides* sur le *Wolffia arrhiza*, et le *Basidiophora entospora* sur les rosettes radicales de l'*Erigeron Canadense*. Ces deux espèces étaient extrêmement abondantes cette année-là. Depuis, elles n'ont été revues que très isolées et très rarement.

pendant plusieurs semaines. Mais si une forte gelée survient, ne fût-ce que pendant une seule nuit, toutes les feuilles malades périssent; parfois la destruction ne dépasse pas beaucoup la portion d'organe envahie. Les parasites sont supprimés; les récoltes de ces champignons sont tout d'un coup rendues infructueuses.

» J'ignore s'il en est ainsi sous d'autres climats, mais dans notre région ce fait est remarquable. J'ai cru devoir le signaler à la séance du 27 février 1874 de la Société botanique de France (¹); il était principalement visible sur les feuilles chargées de *Stigmatea* (ortie, *St. Urticæ; Lampsana, St. cylindrospora*) et de *Peronospora* (*P. Stellariæ, P. Holostei, P. Papaveris, P. Trifoliorium*, en tout *quatre* espèces); un *Æcidium* et un *Ræstelia*, qui s'étaient montrés précoces, furent aussi frappés de mort (voir *loc. cit.*). On voit que cet effet est très général et a atteint des Ascomycètes, des Péronosporées, des Urédinées, champignons fort différents.

» J'ai plusieurs fois depuis vérifié cette observation dans les excursions faites en vue de récolter des Cryptogames.

» Cette particularité, due à l'action du froid, est très digne de remarque; c'est en partie à cet effet salutaire de la gelée qu'est due la croyance populaire de nos campagnes que les hivers doux (et dépourvus de jours froids) sont défavorables et même désastreux pour les cultures : la raison précise en est donnée, pour un point au moins, par ce qui précède.

» Pouvons-nous en tirer parti dans le cas qui nous occupe? En visitant l'établissement de M. Duvillard, comprenant l'importance des résultats considérables qu'on pourrait obtenir ainsi, je tâchai de savoir si l'action du froid ne pourrait pas être appliquée dans une certaine mesure.

» Les plantes étant cultivées sous des vitrages, il paraît difficile que les laitues gèlent autrement que par négligence ou par accident (²), et il était légitime de penser que ces vitrages, faits pour concentrer la chaleur, demeurent étroitement clos quand la température se refroidit. Je tentai cependant de formuler une question, non sans quelques phrases préparatoires. Je craignais d'être mal compris et d'être amèrement critiqué comme ayant proposé une chose absurde à un praticien exercé. Avant la fin de

(¹) Voir *Bulletin*, année 1874, p. 55.

(²) Il est possible que dans les grands froids, contre lesquels il est difficile de se garantir, les pieds fortement attaqués périssent complètement; ce serait une perte considérable si la maladie était un peu générale sous les châssis; j'ignore si ce fait se produit, mais il paraît bien vraisemblable.

mon préambule, très alambiqué et entouré d'une foule de restrictions, mon interlocuteur, allant droit au fait, répondit que cet effet de la gelée lui était bien connu, qu'il en faisait usage et qu'on s'en trouvait bien, qu'on levait parfois les châssis par les temps de faible gelée et que cela donnait de bons résultats contre le *Meunier*.

» On devra donc tâcher d'utiliser la gelée, puisque cela est possible et que cela a déjà produit de bons effets; mais cette action du froid ne peut être employée que par un homme très exercé et qui se rend un compte exact de l'effet produit. Il sera nécessaire d'en surveiller les progrès de quart d'heure en quart d'heure, peut-être, pendant la nuit; cette dernière condition n'a pas de quoi effrayer les maraîchers, que les exigences du service des Halles tiennent souvent éveillés la plus grande partie de la nuit. Cependant, quoique le tissu soit très délicat et gonflé d'une grande quantité d'eau, le froid ne paraît pas y déterminer des effets aussi terribles qu'on pourrait le croire, mais à condition que le dégel ait lieu lentement : j'ai soumis à un froid de plusieurs degrés au-dessous de zéro des pieds de laitue, qui, lentement ramenés à 1° au-dessus de zéro et plusieurs degrés au-dessus, ne furent point frappés de mort.

» Cette méthode est dangereuse, car les effets propres de la gelée sont justement *de même nature que ceux du champignon;* il faut se garder, d'ailleurs, de confondre les uns avec les autres, quelque ressemblance qu'ils puissent présenter.

» Si la plante est peu attaquée, elle souffrira peu de cette opération et pourra en sortir guérie; si, au contraire, elle est entièrement envahie, elle succombera. C'est là que se montreront de grandes différences, suivant les cas : c'est ce qui justifie les nombreuses prescriptions de la première Partie.

» On ne devra pas négliger d'enlever, à la suite, toutes les feuilles flétries, pour les mêmes raisons que celles qui ont été données plus haut.

» La mort des feuilles attaquées par les parasites divers, qui a lieu sous l'influence de la gelée, tandis que les feuilles saines peuvent résister, s'expliquerait de deux manières.

» L'une des explications pourrait s'appuyer sur ce que les cellules perforées par le champignon ou ses suçoirs sont le siège d'altérations trop profondes pour que la solidification de l'eau ne les tue pas par une action mécanique.

» L'autre n'invoquerait uniquement que l'affaiblissement des éléments; c'est cette dernière qui paraît la plus simple et la plus facile à admettre.

» Elle a, de plus, l'avantage d'établir un lien entre les divers cas dans lesquels nous avons vu les feuilles frappées de mort ; nous arrivons ainsi à conclure que, quand la plante malade est soumise à des conditions d'existence défavorables, les organes affaiblis périssent les premiers.

» Sous cette forme, les divers cas présentent de l'unité : nous pouvons même tenter d'aller plus loin. On pourrait peut-être essayer de faire, par des solutions convenablement titrées, souffrir graduellement la plante jusqu'à produire la destruction complète des feuilles attaquées [1]. Cela s'appliquerait à tous les parasites envahissant seulement les parties appendiculaires et renouvelables facilement. On emploierait, par arrosage, des solutions de sulfures alcalins toxiques pour le champignon, ou même simplement des solutions contenant en excès des substances nutritives. Le sol en serait ainsi imprégné ou bien il exhalerait des vapeurs. Ces solutions pourraient fatiguer la plante jusqu'à un point déterminé, et cette action passée, leur présence dans le sol lui donnerait une puissance nutritive considérable. On aurait ainsi la marche à suivre pour un véritable traitement. Ce ne sont d'ailleurs que de simples vues de l'esprit; elles mériteraient d'être soumises au contrôle sévère et précis de l'expérience.

» En résumé, les diverses causes de souffrance de la plante attaquée ont pour effet de détruire les feuilles envahies par le parasite ; c'est à une cause de cet ordre qu'il faut rattacher la destruction des feuilles attaquées dans les laitues séparées de leurs racines, destruction contre laquelle nous tâchons de lutter.

» Or cette altération, qui est désastreuse quand la plante est adulte et préparée pour la vente, peut être au contraire très salutaire quand l'effet qu'elle détermine est justement la destruction des organes contaminés et la suppression des causes d'altération pour l'avenir. On a montré qu'il est possible de la produire à un instant donné et qu'on peut, au prix d'une souffrance passagère, purger la plante de son parasite.

» *Les particularités de culture* qu'on peut utiliser, parmi celles qui nous restent, *permettent seulement de défendre les plantes contre les atteintes des spores apportées par l'air.*

» 4° Tous ces faits et les précédents sont, on le voit, assez généraux :

---

[1] Il y a des solutions qui peuvent, en peu de jours, sans tuer la vigne complètement, en faire tomber toutes les feuilles : je cite ce fait simplement comme exemple, sans en tirer encore aucune conclusion.

ceux qui nous restent à examiner sont beaucoup plus spéciaux et se rapportent uniquement aux cultures *sous châssis*.

» Cette pratique sévère et rigoureuse peut sembler illusoire si une seule spore, trompant la surveillance la plus active, peut contaminer une vaste culture. Sans aucun doute, théoriquement, la contamination générale est possible avec une seule spore; mais, dans la pratique, les effets produits seront proportionnels au nombre des spores répandues. Ce nombre est en général énorme, et il y aura une très grande différence entre l'action déterminée par une spore unique et dix, vingt, cent, mille, etc. Ces précautions ont pour but de prévenir la diffusion de chaque instant; le nombre des spores répandues par chaque génération successive est énorme, et si l'on en épargne une seule génération, surtout au commencement, l'effet est loin d'être négligeable et ne doit pas être dédaigné.

» Pour éviter la dissémination des spores dans l'intérieur même du châssis fermé, il faudra *d'abord* s'efforcer que toutes les plantes soient absolument indemnes.

» Si on les a visitées avec soin, si on a enlevé toutes les taches avant le repiquage, ou mieux si le repiquage n'a utilisé que des pieds entièrement sains, le parasite ne se montrera probablement plus, à moins de certaines éventualités. Il faut supprimer d'ailleurs les pieds qui reprendraient mal et qui, par là, indiqueraient une affection plus profonde. Si la culture est, dès le début, faite sous des châssis ou des cloches, que la graine ait été triée avec soin, qu'on ait pris les précautions indiquées plus haut, le jardin ayant été bien sarclé, les germes ne pourront s'introduire dans les jeunes plantes.

» Pour éviter l'inoculation par des spores venues du dehors, il faut lever le vitrage le plus rarement possible; quand on le fait, que ce soit les jours où il y a peu de vent et veiller à ce que le vent ne souffle jamais dans la direction de l'ouverture, de peur que les spores qu'il peut charrier ne tombent sur les laitues.

» Quoiqu'il n'y ait pas de plantes malades visiblement aux environs immédiats, quoique le jardin soit bien tenu aux alentours des châssis, cela ne doit pas empêcher de prendre des précautions aussi minutieuses.

» L'un des points les plus importants est de se prémunir contre une inoculation involontaire provenant de châssis à châssis. Si l'un d'eux est attaqué, en l'ouvrant en même temps que les autres, on risque fort que le vent porte les spores sur tous les autres. D'ordinaire, ces châssis sont disposés côte à côte, suivant des files plus ou moins longues; dans ce cas, comme toujours, les agglomérations sont dangereuses et le plus souvent fatales; elles font que les germes parasitaires et funestes entraînés par le vent ne sont pas perdus : il vaudrait mieux disposer les châssis en petits groupes ne se commandant pas, au moins par rapport aux vents dominants, et ne les ouvrir que les uns après les autres dans un ordre déterminé par le sens du vent. Il faut surtout maintenir fermés ou n'ouvrir que quand les autres sont clos ceux sur lesquels on aura constaté la présence du parasite ou sur lesquels on la soupçonnera.

» Il est important de ne pas recommencer deux années de suite les cultures dans un même endroit; les spores dormantes peuvent demeurer et rendraient superflues les précautions minutieuses indiquées plus haut. L'intervalle d'une année est même bien long; il faudrait éviter de reprendre au printemps ou même à la fin de l'hiver les places quittées l'été ou l'automne. Les oospores bien mûres se contentent parfois d'un repos de quelques mois, surtout quand, comme sous châssis, l'humidité se joint à la chaleur dans une atmosphère concentrée.

» Mais ce changement perd de son importance si le sol est entièrement artificiel et formé de terreau rapporté; nous sommes ramenés à une particularité de la culture.

» 5° *La plante est cultivée dans un terreau particulier et très nutritif.* Il est nécessaire, en effet, de n'employer que *du terreau neuf*, n'ayant jamais servi à la culture de laitues ou n'ayant pas été constitué avec la moindre parcelle de feuille malade, appartenant à une plante quelconque de la famille des Composées. Il conviendrait pour cela de prendre des composts dont on connaîtrait exactement la provenance.

» Il est bien entendu qu'on devra se défier du fumier emprunté aux bestiaux qui paissent en liberté, à ceux qui, dans les étables de Paris ou des environs, peuvent être nourris justement avec les feuilles malades par le fait du *Peronospora*, mais nullement malsaines pour eux, avec les plantes mal venues et ayant trop mauvaise apparence pour être vendues, avec les mauvaises herbes du jardin qu'on a le plus grand intérêt à détruire, etc.

» Cette dernière recommandation, sur laquelle je reviens encore ici, peut paraître exagérée, mais ceux qui ont quelque habitude des cultures faites sur du crottin de divers animaux pour l'étude de certaines moisissures, ceux qui ont étudié certains champignons microscopiques à croissance rapide et véritablement magnifiques qui se développent sur ces substratum avec une variété infinie, conviendront que, dans les parties de substratum qui passent sous le microscope, on trouve souvent des spores diverses entièrement inaltérées; j'y ai observé moi-même des Puccinies et des spores dormantes de *Peronospora*.

» Ces spores, même les plus délicates, ont la propriété de résister au travail de la digestion, et c'est à cette résistance qu'est due la variété extrême des productions nées sur les matières stercoraires; les germes en ont été puisés dans les localités diverses auxquelles on a emprunté la nourriture des animaux.

» Il vaudrait mieux, enfin, employer des terreaux faits de toutes pièces à l'aide de produits spéciaux, chimiques ou autres, qui ne peuvent contenir de spores dormantes.

» Si les plantes qui sont mises en place étaient saines, s'il n'y a pas de spores dormantes dans le terreau, la culture demeurera saine, à moins que les germes ne viennent du dehors : c'est pour cela que le maniement et l'ouverture des châssis est si périlleuse pour la santé des plantes.

» L'une des conditions qui favorisent le plus efficacement la germination des spores sur les feuilles, c'est l'eau qu'elles y rencontrent; cette eau prévient leur dessiccation, leur permet d'émettre un filament germe qui devient assez robuste pour perforer l'épiderme. Une fois entré dans la plante, ce germe n'a plus besoin de l'eau; la sécheresse peut flétrir la partie extérieure, une cloison peut se former, l'étranglement qui sépare le corps de la spore d'avec la portion du filament qui a pénétré peut s'oblitérer : le parasite désormais dans la plante continuera à végéter.

» Il faut donc *empêcher que l'eau ne mouille les feuilles*; cette eau a d'ailleurs la propriété de retenir la spore, de l'empêcher de glisser, de tomber sur le sol humide, où elle peut germer et ainsi se perdre.

» La première recommandation dans ce sens est de n'arroser que par le moyen du sol; on peut ainsi fournir une quantité d'eau suffisante.

» C'est une pratique bien connue chez les maraîchers, et l'on a reconnu qu'elle était très efficace contre une autre maladie : le blanc du melon et des citrouilles. Ce champignon, qui n'est autre chose que l'*Erysiphe vulgaris*, s'attaque aisément aux feuilles arrosées; il envahit bien plus difficilement celles qui ne le sont jamais ([1]).

([1]) Pour cette dernière affection, il semble que le soufrage rendrait de grands services

» Il faut aussi éviter les buées trop abondantes qui, sous les châssis, peuvent se déposer par un phénomène analogue à celui de la rosée. Quand la plante est plus froide que le sol, des gouttelettes se forment; cela se montre très fréquemment, la température du terreau étant souvent supérieure à celle de l'air; quand on ouvre par un vent froid, la plante ne tarde pas à se refroidir, quand on referme le châssis, la vapeur venant du sol dépose une couche d'humidité qui peut maintenir les spores tombées sur les feuilles et favoriser leur germination.

» 6° *La culture est très rapide* et ne dure guère plus de deux mois; le nombre des générations du *Peronospora* ne peut être extrêmement considérable; c'est dans les premières semaines surtout que les précautions devront être très rigoureuses.

» A l'aide des précautions indiquées précédemment et qu'on trouvera peut-être bien multipliées, il est possible de se mettre à l'abri, sinon complètement, du moins partiellement, des attaques du *Peronospora*. La maladie, au lieu de se présenter sous une forme très générale et d'une manière pour ainsi dire aiguë, pourrait être beaucoup plus locale et serait beaucoup moins dangereuse; peut-être sera-t-il possible de ne plus s'en préoccuper autant.

» On aura été ainsi amené à tenter d'obtenir les résultats suivants :

» 1° Empêcher la jeune plante d'être attaquée.

» 2° Si elle l'est, on peut, par le repiquage, éliminer les parties malades sur les individus attaqués.

» 3° La gelée, pratiquée avec précaution, permet d'agir dans le même sens; des traitements appropriés produiraient peut-être quelques résultats analogues.

» 4° On a vu par quels moyens on peut s'opposer à la production des premières spores (issues des spores dormantes) et à leur diffusion.

» Cette méthode, fondée en raison, donnera probablement des résultats appréciables; elle est destinée *non pas à montrer ce qu'il faut nécessairement faire, mais à indiquer dans quel sens on peut se diriger en s'appuyant sur des données scientifiques.*

---

et mériterait d'être employé comme contre l'oïdium de la vigne, qui est un *Erysiphe* aussi; il ne l'est cependant pas, paraît-il, chez les maraîchers de Paris.

J'ai cru pouvoir recommander, en 1879, l'emploi du soufre contre un *Erysiphe* fort curieux, qui dévastait les carrés de *Statice latifolia* chez M. Naudin, horticulteur à Paris. Les résultats ont été excellents au bout de peu de jours.

» Nous avons examiné le cas général; cependant il faut avouer que le résultat à obtenir *strictement* est celui-ci : produire des laitues qui puissent attendre plusieurs jours après avoir été cueillies, et qui ne pourrissent pas, par le fait du *Peronospora*, après un ou plusieurs jours.

» La première solution consiste à obtenir des plantes qui, à l'abri des atteintes du *Peronospora*, ne soient pas attaquées et demeurent saines; celles qui demeureront indemnes ne pourriront pas, cela est sûr. La revue qui vient d'être faite a un intérêt supérieur à celui des plantes actuellement en question, parce qu'elle s'applique à une classe particulière de maladies; on a tenté de traiter ce sujet d'une manière un peu générale à propos d'un cas particulier précis.

» Serait-il, d'autre part, possible de conserver, sans les laisser pourrir, des plantes attaquées fortement par le *Peronospora gangliiformis?* Cette question, résolue par l'affirmative, éviterait la longue et pénible série de précautions à prendre, dont nous avons fait l'énumération.

» Pour tenter de la résoudre, il faut d'abord savoir exactement pourquoi meurent et pourrissent les feuilles. Il y a plusieurs causes possibles, et nous pouvons récapituler ce qui a été dit :

» 1° Le froid excessif, la gelée, peut produire la décomposition des feuilles attaquées par le *Peronospora;* cependant il semble bien que ce ne soit jamais là la cause; on se mettrait à l'abri de cette altération par des emballages soignés, à l'aide de paille, etc. Mais l'influence du froid paraît négligeable dans la majorité des cas; on s'en protégerait aisément.

» 2° Cette altération est-elle due au développement du champignon aux dépens des organes attaqués? Très probablement c'est là la réelle et véritable cause, c'est celle qui a été adoptée ici, c'est la cause ordinaire des altérations de ce genre. Comment pourrait-on s'y opposer? De deux manières vraisemblablement :

» *a*. En empêchant le développement du parasite par l'action d'un froid modéré : c'est une méthode qui mérite d'être examinée;

» *b*. En fournissant à la feuille un surcroît de nourriture qui lui permette de résister.

» *a*. Une basse température, supérieure à zéro d'ailleurs, arrête ordinairement le développement des champignons. Si les plantes étaient maintenues à une température suffisamment froide jusqu'à l'instant où elles seront utilisées, l'altération des feuilles ne pourrait peut-être pas se produire. Il faudrait pour cela les refroidir à l'aide de la glace, par exemple, ou d'un liquide froid, les envelopper de corps mauvais conducteurs et les expédier ensuite par les moyens ordinaires. Il est à peine nécessaire d'ajouter que l'on devrait enlever l'excès d'eau par tous les moyens possibles, car l'eau est avec la chaleur l'un des adjuvants principaux pour le développement des Péronosporées. La conservation des plantes reviendrait à un artifice d'emballage. Abstraction faite du prix de revient, on conçoit qu'on puisse peut-être obtenir quelque résultat de cette manière.

» Mais le contrôle de l'expérience est nécessaire.

» Malheureusement, les faits sont absolument contraires à cette manière d'opérer. Des pieds de laitue maintenus dans une chambre spéciale, non chauffée, où la température constante pendant plusieurs jours ne s'éleva pas au-dessus de +4°, montrèrent un développement lent, mais *certain*, des houppes conidifères pendant cet intervalle. Les conidies placées sur de l'eau ont germé à la température de +1° et avaient, après vingt-quatre heures, émis à cette température, demeurée constante, un filament germe tout à fait comparable à celui qu'elles émettent vers 10° ou 12°; les conidies du *P. parasitica* des feuilles du chou germèrent également bien, celles-ci en émettant des germes remarquablement contournés en spirale. La température, si basse qu'elle fût, n'avait pas entravé le développement : on ne pourrait donc par cette méthode obtenir que des résultats incomplets et partiels, même en côtoyant les températures dangereuses.

» *b*. La feuille meurt, parce qu'elle est épuisée et qu'elle ne peut renouveler les provisions nutritives dépensées par le parasite; il se passe là dans la plante séparée de ses racines ce qui se passe quand on la transplante. Obligée de vivre sur les substances nutritives accumulées dans ses tissus, les parties jeunes attirent à elles une partie de la réserve des autres; les autres sont appauvries par le parasite : de là une double cause d'affaiblissement pour les organes attaqués. Ces organes sont en général les plus extérieurs et les plus âgés; c'est dans leur substance que le *Peronospora* est le plus développé et le plus vivant.

» Il résulte de là une double voie à suivre; on peut essayer :

» α. De supprimer les feuilles les plus extérieures et les plus sujettes à se décomposer. Elles contiennent dans leurs tissus les filaments de *Peronospora* les plus âgés. Cela retardera probablement la pourriture des feuilles plus intérieures, si tant est qu'elle doive se produire. Mais, si la plante est entièrement occupée par son parasite, on voit que ce moyen n'est que partiellement efficace et qu'on serait conduit à supprimer un nombre de feuilles d'autant plus grand que l'intervalle entre l'arrachement et la vente serait plus considérable. Les maraîchers connaissent cette pratique et l'emploient avec avantage, mais ils ont observé que, quand la plante est trop gravement atteinte, on n'obtient plus d'effet efficace par ce moyen.

» β. Nous avons vu plus haut que, dans les repiquages et transplantations, la plante, obligée de vivre sur elle-même, perd en général les feuilles atteintes par le parasite; mais ces feuilles ne meurent pas si l'on déplace la plante avec son système entier de racines, de telle sorte qu'elle souffre le moins possible. On arrive donc à cette conclusion qu'il faudrait alors soit cultiver la plante dans des pots et la transporter telle quelle, ou bien, tout en la cultivant en pleine terre, conserver, en l'arrachant, une partie de la motte qui entoure la base.

» On se heurte alors à de nouvelles difficultés, mais cela semble très rationnel. On aura une méthode de vente fort différente; on a l'habitude de nettoyer, laver, *parer* la marchandise, et tout cela est presque impossible dans les conditions que j'indique : l'emballage serait coûteux, etc. Mais il y a là un moyen de conservation qu'il est bon d'indiquer, fût-ce d'une manière théorique seulement.

» En résumé, en dehors des moyens culturaux, parmi les essais qui méritent d'être tentés, on pourrait :

» 1° Arracher les feuilles les plus extérieures, destinées à se corrompre les premières;

» 2° Les transporter avec la terre et les racines dans un air sec et froid autant que possible.

» Les praticiens jugeront laquelle des deux voies il leur convient de suivre; mais, on le conçoit bien facilement, si les plantes sont fortement attaquées, la seconde est aussi peu efficace que la première. Ces pratiques paraissent d'ailleurs insuffisantes, à cause de la vente courante, qui est une partie notable du commerce, et surtout parce que les plantes paraissent trop profondément attaquées pour être sauvées par des opérations de détail et non par une méthode qui prévienne l'occupation complète du végétal; il paraît donc préférable de revenir à la première ou d'avoir égard aux recommandations nombreuses mentionnées plus haut.

» Avant de publier les pages qui précèdent, j'aurais voulu pouvoir les soumettre personnellement au contrôle de l'expérience sur une échelle étendue. Quoique de nombreuses cultures relatives aux maladies des plantes aient servi de base à ce qui est présenté ici, nous aurions voulu faire sur les laitues elles-mêmes de semblables expériences : mais de tels essais sont longs et coûteux; il aurait fallu trouver une bonne volonté et de grandes cultures pour y subvenir. J'ai exécuté un certain nombre d'essais dans un très petit jardin loué en vue d'étudier cette question et d'autres questions analogues, mais je n'ai pu aller loin dans cette voie, faute de moyens convenables. Je donne donc, sans prétention aucune et sous forme de conseils, les conditions qui paraissent mériter d'être prises en considération.

Les maraîchers intelligents et curieux de leur art jugeront ce qu'il peut y avoir de bon dans les pages qui précèdent et pardonneront ce que le manque de connaissance pratique a pu laisser d'imparfait.

PLANCHE.

PERONOSPORA GANGLIIFORMIS, BERK. (PARASITE DES LAITUES. CHAMPIGNON DU MEUNIER.)

Gr. = $\frac{240}{1}$.

Fig. 1. — Filament conidiophore *f*, de petite taille et peu ramifié, sortant par l'ouverture d'un stomate *st*.

f', autre filament conidiophore sortant par le même stomate et dont la base seule est représentée (*préparation obtenue en enlevant un lambeau d'épiderme*).

m, m_1, filaments de mycélium rampant sous les cellules épidermiques.

h, suçoirs (*haustoria*).

μ, μ', μ'', ramifications du mycélium qui sont restées *en dessous* de l'épiderme dans la chambre stomatique et qui, si elles étaient sorties au dehors, auraient pu donner des filaments conidiophores.

Le filament conidiophore s'est plusieurs fois dichotomisé; il est terminé par des supports *d*, plus ou moins discoïdes ou renflés, qui portent des stérigmates où s'insèrent les spores; ce caractère est spécial au *P. gangliiformis*.

Le nombre des stérigmates est assez variable; parfois un stérigmate occupe la partie centrale de la dilatation.

Fig. 2. — Extrémité d'un rameau montrant les disques qui forment la terminaison des ramuscules; ils sont parfois confluents, δ.

Fig. 3. — Conidies mûres : *p*, papille; σ, reste du stérigmate visible à la base de la conidie.

Fig. 4-6. — Germination des spores.

4, spores placées dans l'eau depuis dix heures; elles se sont gonflées, mais n'ont pas encore germé (temp. de 4° à 6°); leur grosseur est fort inégale.

5, spores placées dans l'eau depuis dix à onze heures; la température est de 18° à 20°. Elles ont émis *par la papille* un tube plus ou moins flexueux; non variqueux.

st, reste du stigmate visible à l'extrémité opposée.

On peut remarquer que le corps de la spore tend à se vider de son contenu.

6, spores mises dans l'eau depuis neuf heures à la température de 15°; elles ont germé en émettant des tubes variqueux, étranglés çà et là.

Fig. 7. — Portion d'épiderme de feuille de laitue, prise sur la face inférieure.

m, m_1, m_2, ..., filaments de *Peronospora* présentant des suçoirs *h*; ils rampent sous l'épiderme et se ramifient diversement.

st, stomate par lequel s'échappe au dehors un filament rectiligne *f*, destiné à se ramifier et devenir un filament conidiophore, et *f'*, filament toruleux destiné à produire *un* ou *plusieurs* stipes conidiophores.

s^1t^1, autre stomate à comparer à celui de la *fig.* 1, donne accès vers l'air à des filaments semblables; φ est dans le même cas que f; φ' et φ'' dans le même cas que f'.

s^2t^2, stomate où le développement est beaucoup moins avancé.

Fig. 8. — Coupe transversale d'une feuille attaquée : la coupe passe par un point bruni et desséché D; le mycélium n'est plus visible; il s'est détruit.

La matière colorante verte a été enlevée totalement par l'action prolongée de l'acide acétique concentré.

m, m^1, m^2, m^3, ..., filaments de mycéliums diversement ramifiés.

h, suçoirs allongés et recourbés, pénétrant seuls dans la cavité des cellules.

st, stomate par lequel s'échappent deux filaments conidifères f et f'; un certain nombre d'autres filaments occupent la chambre stomatique (lacune aérifère) et se dirigent vers l'ouverture.

s^1t^1, autre stomate avec filaments effilés se dirigeant de même vers l'ouverture.

F, faisceau vasculaire coupé obliquement dans un sens presque longitudinal.

TABLE DES MATIÈRES

DU MÉMOIRE SUR LES PÉRONOSPORÉES.

TABLE DES MATIÈRES.

FIN DE LA TABLE DES MATIÈRES.

GAUTHIER-VILLARS, IMPRIMEUR-LIBRAIRE DES COMPTES RENDUS DES SÉANCES DE L'ACADÉMIE DES SCIENCES
6661 Paris. — Quai des Augustins, 55.

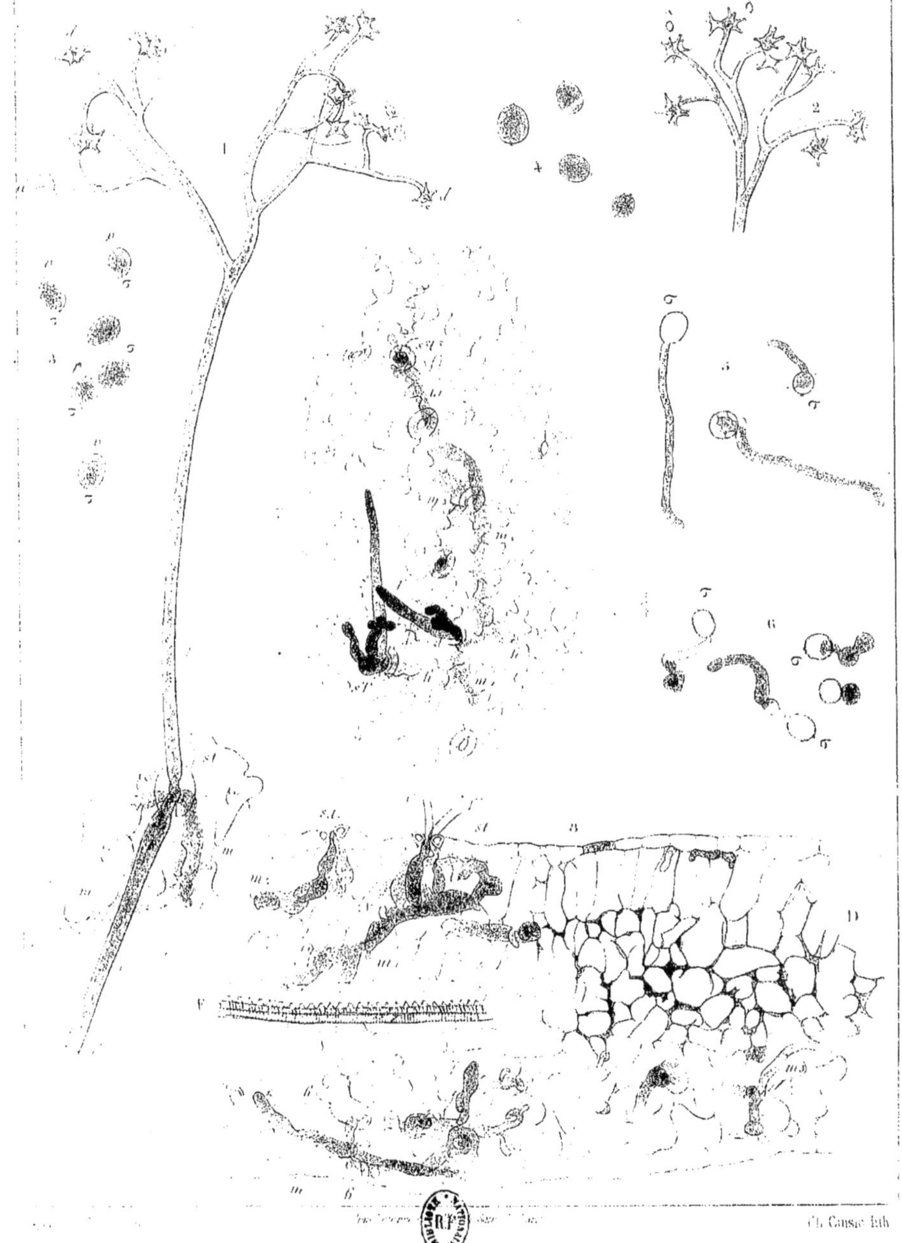

Ch. Cuisin lith

OBSERVATIONS

SUR

LE PHYLLOXERA

ET SUR

LES PARASITAIRES DE LA VIGNE.

www.ingramcontent.com/pod-product-compliance
Ingram Content Group UK Ltd.
Pitfield, Milton Keynes, MK11 3LW, UK
UKHW012040240726
13965UKWH00003B/937

9 782013 396189